1. 科罗娜樱桃红魔术

2. 科罗娜樱桃红魔术与完美白色石竹

6.石竹

3.'情人' 石竹

色[illegible]竹花束

5. 三寸石竹 '加茂'

1. 五寸石竹 ‘千辉’

2. 灰姑娘混色

3. 天王星 / 紫红 · 白双色

5. 紫花束

4. 粉色香石竹花束

6. 天王星 / 浓桃红色

7. 天王星 / 紫红色

8. 天王星 / 红 · 白

1. 亚马逊彩虹二重奏

2. 须苞石竹灰姑娘混色

3. 天王星/浓红色

4. 完美/深紫罗兰色

5. 天王星/粉红色

6. 天王星/绯红色

7. 完美/胭脂红色

8. 长萼瞿麦

9. 天王星/白色

1. 节日 / 樱桃红

2. 节日 / 胭脂红带玫瑰红

3. 常夏石竹

4. 花边 / 绯红色

5. 花边 / 桃红色

6. 大红香石竹、百合花、菊花大型插花

7. 西洋石竹－地毯系列

8. 魔琴 / 深粉色

香石竹（康乃馨）品种
——常见大花标准型切花品种

1. 埃里克 Eric

2. 流星 Meteor

3. 橙得胜 Orange Triumph

4. 西可爱 Westpretty

5. 西加拿大 Westcanada

6. 绿魔 Green Magic

7. 达拉斯 Dallas

8. 丽得派 Leopard

9. 赞歌 Zenga

10. 彪马 Puma

1. 哈罗 Harou

2. 劳拉 Laura

3. 红钟 Scarlet Bell

散枝型香石竹
— 小花纤细型

4. 桑内特 · 爱维 Sonnetto Eve

5. 杨贵妃 Youkihi

散枝型香石竹

——中花型切花盆栽品种

1. 红芭芭拉 Red Barbara

2. 爱力斯塔 Alicetta

3. 粉罗朗特 Pink Roland

4. 白芭芭拉 White Barbara

5. 鲜红罗朗特 Salmon Roland

1. 宝贝心 Baby Heart

2. 亚里加塔克 Yarigatake

3. 亚兹加塔克 Yatsugatake

4. 科玛加塔克 Komagatake

5. 诺利科拉 Norikura

6. 萨克拉基马 Sakurajima

7. 科里西马 Kirishima

●百花盆栽图说丛书

石 竹

王磊 张瑞麟 编著

中国林业出版社

图书在版编目（CIP）数据

石竹/王磊，张瑞麟编著. －北京：中国林业出版社，2004.1
（百花盆栽图说丛书）
ISBN 7－5038－3638－5

Ⅰ.石… Ⅱ.①王…②张… Ⅲ.石竹科—花卉—观赏园艺
Ⅳ.S681.5

中国版本图书馆 CIP 数据核字（2003）第 118924 号

出　　版：中国林业出版社（100009　北京西城区刘海胡同 7 号）
E-mail：cfphz@public.bta.net.cn
电　　话：010－66188524
特约编辑：王有江
责任编辑：刘开运　谭艳萍　卢　灵
图文整理：张洪东
图文制作：北京创世源图文设计制作中心
印　　刷：北京昌平百善印刷厂
发　　行：新华书店北京发行所
版　　次：2004 年 1 月第 1 版
印　　次：2004 年 1 月第 1 次
开　　本：148mm×210mm　1/32
印　　张：4.5　　插页：8
字　　数：120 千字
印　　数：1～5000 册
定　　价：12.00 元

序

花卉盆栽在我国有悠久的发展历史，深厚的文化传承。我国被誉为“世界花园之母”，花卉种质资源（不论名花良种还是野生花卉）极为丰富。现代社会人们对花卉的鉴赏水平越来越高，盆栽消费也一派繁荣。

越来越多的人们喜欢在居室中栽培自己所钟爱的花卉。社会礼仪交往中，也有很多人已将盆花作为礼物相互赠送。随着人们对环境美的时尚追求，许多人已从单纯用花卉点缀居室、闲暇修身养性，发展为追求人与自然的交融、追求花文化的深刻内涵。有些人或欣赏梅花香自苦寒来的傲骨、铁树的坚韧，或陶醉于蝴蝶兰的争奇斗妍、牡丹的国色天香、仙人掌的神圣不可侵犯等等。客厅中的亭立观叶植物也使人犹如置入大自然之中。花语传递出人们只可意会而不可言传的情感。

那么，盆栽爱好者所钟爱的单种类花卉的文化渊源是什么？中外盆栽爱好者所赋予的花文化内涵是什么？莳养要诀是什么？怎样使盆栽花卉有效地控制花期？诸如此类等等问题，不仅是盆栽生产者，也是盆栽爱好者迫切需要了解的。为满足市场需求，“百花盆栽图说丛书”适时出版了。

综观全套丛书有以下三大亮点：

1. 作者大多是敬业于花艺界多年的专家、学者，在单种类花卉经营和研究实践基础之上，总结出了一套有自己独到又切合实际的经验方法、绝活。

2. 该套丛书从初级入手，从花卉管理的焦点入手，以图说方式展开，循序渐进、简明扼要。既是科普书，又有一定的科研价值。

3. 每册书都在花卉文化和应用方面有独到的阐述和深入的挖掘，为人们欣赏和应用花卉提供了参考。

“百花盆栽图说丛书”编委及作者，历经近2年的策划及创作，出版这么大规模的种类相对齐全而又图文并茂、体例及长短适宜的图说丛书，国内尚属首次，应该说，是填补了一项空白。审读着每一本书稿，可谓爱不释手。我作为老一代的“花痴”，看到的是百花园中成长的新一代的今天，和当今世界大花园中我国花文化辉煌的明天，心中有无限的欣慰。

相信有我国现代的和悠久的花卉栽培技术积淀及不断汲取的西方花卉栽培技术，我国花卉产业及文化将快速驶向光辉灿烂的明天。

中国工程院院士 

2003年12月

前　言

花卉是大自然的精华，它给人以美的启迪，美的熏陶。赏花、养花则是美的享受。随着人们物质文化生活水平的提高，尤其是居住条件的改善，人们越来越向往大自然，对自然美的追求与日俱增。人们经历SARS磨难后更加渴望一种温馨典雅的生活氛围，用鲜花绿叶来点缀自己的居室。因此，时下迫切需要一套较系统全面介绍家庭实用的养花知识、技术及经验的书。为此我们受中国林业出版社之托撰写了《石竹》和《珍奇观叶花卉》两本书。

赏花和养花，也是养生之乐道。花卉植物在进行光合作用中能吸收二氧化碳、释放氧气、净化空气、吸收噪音、改善环境，使空气清新，可以防止像SARS那样的传染病的蔓延。

家庭养花，可以丰富和调剂人们的文化精神生活，可以陶冶性情，增添生活情趣；家庭养花，可以增进人们的身心健康，是一种极好的娱乐活动。花卉栽培是一门综合性科学，可以通过养花来提高人们的文化艺术素养，增加人们的科学知识。观察一粒种子播下，随之抽生新芽，日渐长大，满株繁花，心物交感，一种好生的情怀，乐生的喜悦油然而生，从而可以解脱心底深处的忧闷和愁绪。“生命在于运动”，老年人适度的养花劳动，把大自然引进庭院、阳台、居室，在美化环境中得到美的享受，对于心理、生理、精神体质都能得到良好的调剂，通过养花从自然规律中悟出保健养生的道理，使身心愉快，从而可以消除和预防一些老年性慢性疾病。

久负盛名的康乃馨（*Dianthus caryophyllus* L.）（香石竹）和石

竹都是石竹属植物，因其迷人的芳香和银灰色或蓝绿色的叶片而被世界各地广泛种植。石竹是众香国里的一个名门望族，它五光十色，光辉耀眼，颇受世人欢迎。尤其是现代杂交石竹，布置花坛、点缀庭院更是五彩缤纷，犹如一张彩色的地毯。另外矮生种盆栽石竹可大量集中组成各式各样的盆栽、花台，以及栽植到可大大增添节日的气氛，是节日城市的一道靓丽的风景线。盆栽石竹和香石竹进入居室、阳台显得富丽堂皇，这也是一种时尚。

芬芳富丽的香石竹是石竹家族中最优秀和出类拔萃的一员，它茎叶俊秀，花朵绮丽而高雅，香味清馨，是当今风靡全球的世界五大切花之一。近年来多分枝的多花型香石竹在国际市场上正越来越受到人们的青睐。家庭养花实践证明，栽培石竹属花卉益处很多。我们按百花盆栽图说丛书编委会要求，从家庭盆栽石竹谈起，并立足于通俗、实用，竭力收集国内外最新品种和栽培方法并总结实践中经常遇到的问题，结合我们多年的教学科研的实践写成本书。愿《石竹》给您的家庭及生活带来乐趣和幸福。

王磊　张瑞麟

2003年7月

目　录

1 概 述

1.1 石竹属（*Dianthus* L.）花卉的概况及栽培发展历史

1.1.1 形态特征、分布及习性

石竹属花卉为石竹科一二年生或多年生草本植物。茎硬，节处膨大，叶线形，对生；花大，顶生，单朵或数朵至伞房花序。萼管状，5齿裂。下有苞片2至多枚；花瓣5，具柄，全缘或齿牙状裂；花有粉、红、桃红、淡紫、深红、白等色。蒴果圆柱形，花期5~9月。

石竹属植物约有300种，分布于欧洲、亚洲、北非、美洲；我国原产16种，分布很广，东北、华北、西北以及长江流域均有栽培，如：东北地区有须苞石竹（*Dianthus barbatus* L.），新疆有野生的瞿麦（*D.superbus* L.），宽叶石竹（*D.hoeltzeri* Winkl.），长萼石竹（*D. kuschakewczii* Regel. et Schmalh.），土耳其石竹（*D.turkistanicus* Preobr.）等。

石竹耐寒性强而不耐酷暑，喜阳光充足、地势高燥、通风良好和凉爽的环境条件；耐干旱，喜排水良好、含石灰质的肥沃、湿润的沙质壤土；忌潮湿、水涝。若环境不良，常导致品种退化，忌连作。

1.1.2 石竹的栽培历史

石竹属中作一二年生栽培的中国石竹（*D. chinensis* L.），原产我国，栽培历史已有3000余年。须苞石竹（*D. burbatus* L.）原产欧洲、亚洲，美国栽培甚广，故常称美国石竹，后由美国传入我国。石竹梅（*D. latifolius* Willd），系上两种石竹的杂交种，也叫杂交石竹，在我国栽培很普遍。由于石竹属各种间易于杂交而获得杂交后代。杂交石竹色彩鲜艳，颇受国内外欢迎，因而石竹是园艺品种极多、极富变化

的一个属。宿根性较强的石竹除瞿麦（*D. superbus* L.）原产我国外，其他如高山石竹（*D. alpimus* L.）、常夏石竹（*D. plumarius* L.）均是在早期由国外传入我国，目前栽培普遍。在宿根性较强的石竹中园艺水平最高、最受人们欢迎的为香石竹（*D. caryophyllus*）。也叫康乃馨，也是由国外引入。

1.1.3 香石竹的栽培发展历史

香石竹（*D. caryophyllus* L.）（康乃馨），在世界上已有2000多年的栽培历史，2000年前普林纳氏说香石竹起源于西班牙。香石竹古代曾用在花冠上，所以有Coronation（加冕典礼）的名称。据说，香石竹由诺尔曼人（Norman）于1066年传入英国；在13世纪（1375年）已记载摩尔人已栽培重瓣香石竹；也有说由突尼斯引进欧洲。1670－1676年开始有人进行香石竹的育种工作。

现在栽培的香石竹，不是香石竹原种的改良种，而是种间杂交种。香石竹的原种开桃红色的花，至于黄色的因素可能来自纳普氏石竹（*D. knappii*）。16世纪波斯陶器和陶瓦上绘有重瓣具并色条纹或斑块的香石竹花朵，即似现代杂色种的最早来源。1840年，法国里昂的达尔梅将香石竹和中国石竹（*D. Chinensis*）杂交，产生了大花的、四季开花、有香气的香石竹，成为现代香石竹的前驱。此后，香石竹成为温室的盆栽花卉。英国的奥尔沃德又用香石竹和常夏石竹杂交获得奥尔沃德（*D. auwoodii* Hort.）等。19世纪初，出现了不断开花的‘马莱松’（cv. Malaison）和‘肖勃’（cv. Chabauds）品系。据可靠推测，这两个品系是由长春香石竹和我国的石竹杂交而成。以后英国又育出一季开花的花坛香石竹，1913年改进成为四季开花的香石竹。现代温室的香石竹品种大部分是在美国育出的。法国、英国、德国、日本、意大利等国也都纷纷进行育种工作，各自育出多种多样的香石竹类型。如美国育出了植株很高、花梗坚挺、花朵很大的适于切花的品种类型，在世界各国广为栽培。以后还出现了四倍体的香石竹，花

极大、叶很宽，惟花期晚是其缺点。荷兰在十几年来也培育出许多新品种。所以栽培香石竹的主要品系按其来源可分为美国香石竹和地中海香石竹（或称欧洲香石竹）。美国香石竹原产美洲，其适应性强，生长势旺，节间较长，叶片较宽，但耐寒性差，因此适合温室栽培。地中海香石竹原产意大利、法国、美国，植株节间较短，叶片狭长，不易裂苞，较耐低温，产量高，适合露地栽培。近几年采用美国香石竹和地中海香石竹杂交，培育出一些生长势强、花色艳丽、茎秆强壮、耐低温、抗病性强、产量较高的品种。目前主要生产国有以色列、意大利、西班牙、法国、哥伦比亚以及肯尼亚、南非等国。各国或利用自然气候优势，或采用现代化全天候温室达到周年生产。同时培育抗病新品种，保持优质种苗性状的稳定性等。

我国栽培香石竹的历史近 100 年，自本世纪传入我国，我国始于 1910 年在上海开始引种生产，并进行脱毒快繁扩大推广，自 1985 年起开始大面积栽培。据 1992 年不完全统计，仅上海市香石竹面积已达 133.4 公顷，年产鲜花 120，000 万枝，供应国内外市场。在广州、北京、南京、杭州、昆明等地也先后试种成功，有的已大量生产。香石竹耐寒性较强，在低温地区可采用加温温室栽培，在温暖地区也可采用无加温温室栽培。香石竹单位面积产量高，又可以构成周年种值体系，种植面积也成倍增加。现以上海和昆明地区种植量最多。目前云南的香石竹年产量已大大超过了上海，位居全国第一。

1.2 古今咏赞

1.2.1 当代对石竹的赞赏

赏花，观赏花卉的色彩、香气、风韵，可令人赏心悦目，心旷神怡，是一种美的享受。赏花已成为人们普遍喜好的一项活动，不外两个方面：其一，寻找花的自然美，即去寻找花的色彩的美，姿态的美、香味型的美，可以说，色、姿、香是欣赏花的自然美的一个标

准。其二即是寻找花的文化美，即千百年来人们根据花的秉性赋予它的文化的内容，从中去体味美，感受美。花的自然美可以给人很多审美愉悦，而花的文化美可以深化这种愉悦，使人得到一种永住心中不会衰竭的情感。

香石竹（康乃馨）（*Dianthus caryophyllus* L.）和石竹都是石竹属的花卉植物，因其具有迷人的芳香花朵和银灰色或蓝绿色叶片而被广泛种植，已久负盛名。

石竹是众香国里的一个名门望族，世界各地都有它的成员和家族，祖籍我国的约有 16 种。石竹茎叶形似竹，多生长在丘陵坡地，常与岩石为伍，故名石竹。石竹花枝纤细、青翠、花朵有深红、粉红、白等色。石竹花朵繁密，艳丽如锦，质如丝绒，花色富于变化，花瓣富剪绒状镶边。不少种类具有很高的观赏价值，尤其是近年来国外研究培育的一些石竹新品种及杂种一代，更是艳丽夺目，为深受国内外喜爱的优良草花。

石竹品种繁多，五光十色，花期甚长。并具有悠久的栽培历史，现今广泛应用于南北园林、绿地、居民小区，主要用于布置庭院、花坛、花境、草坪，也用作镶边植物、地被植物、点缀岩石园及盆栽等，到处可见到它们的倩影。石竹大面积栽培可构成五彩缤纷，悦目非凡的景观。用于城市中心花坛和绿地，可创造热烈气氛。在节日中用大量的石竹盆花组成花堆，构成五颜六色的图案，可增添节日的气氛。又因石竹有些种类花梗挺拔，水养持久，有些种类的花还有清雅的芳香，且四季开花性强，适于作切花和优美的盆花，也可用作布置居室室内及阳台。石竹全株还可以入药。

香石竹是石竹大家族中出类拔萃的一员，自南欧来到我国已愈 50 年。我国称它为绒石竹、交际花、康乃馨。香石竹株高 30 ~ 80cm，花单生或数朵簇生枝端，有单瓣、重瓣，瓣端具齿皱，花色有白、粉、红、紫、黄等，具清香。花茎坚韧而细长，花期易于控制，且生

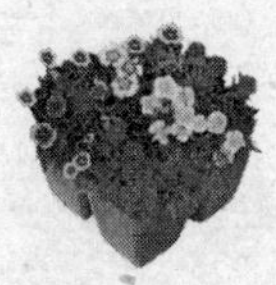

长势旺，如温度、湿度等条件适宜，繁花此谢彼开，终年不断。香石竹是一种常用的插花素材，其茎叶俊秀、高低适度、卓约有致、花朵匀称、色彩丰富、艳而不妖、花瓣层叠、绵延不绝，花香清雅、甜醇不酽，广为世界喜闻乐见。现已成为风靡全球的世界五大切花之一。每逢花事，寂寥的数九隆冬，一束色彩斑斓、高雅清香、玲珑而端庄的康乃馨，能立即给人以春的感受。

香石竹名源于希腊语，意为“天赐之花”。英文名意为“加冕典礼”，指为优胜的运动员加冠带冕，以香石竹做冠花。香石竹亦是世人公认的母亲之花，它象征着慈祥、温馨、真挚、无价的母爱。这缘于美国 1934 年 5 月发行的“母亲节”纪念邮票，邮票图案是一位母亲慈爱地凝视着面前花瓶中一束娇艳美丽的香石竹。随着邮票的传播，世人自然而然地把母亲节与香石竹连在了一起，香石竹由此成为母爱之花。如今，西方许多国家把 5 月的第一个星期天定为母亲节，这一天，儿女们把香石竹花作为崇高的礼物献给自己的母亲，以报答慈母之恩。

香石竹是寓意浓郁的亲情之花，它不仅是母亲节送给母亲最好的礼物，也是日常赠送亲友或老师最恰当的花。香石竹还是“五月生辰之花”，它那茎叶上的白粉，象征着母爱呵护着年青的一代。欧洲人士誉为“富有永不褪色和永不变迁的爱”。在父亲节送花，做儿女的可以送上一束黄色的香石竹来表达对父亲终年辛劳奔波养家的尊敬和感激之情。

1.2.2 历代诗词歌赋赞石竹

人类社会自有史以来，花卉的形象即成为审美对象。我们民族具有悠久的文化传统、非凡的审美观和高超的审美能力。对花卉植物的观赏，不独讲究花的姿容风韵、色彩芳香，更注重其花卉的人文内涵和拟人的高尚品格。我国花卉植物种类纷繁，名花种种，各领风骚千百年。古今文人墨客，咏花作诗赋曲。古往今来陶冶着无数志士仁

人，热爱大自然、热爱祖国、洁身自好的高尚情操。

石竹自古以来深受人们的喜爱，唐宋以来有很多关于石竹的文字记载。如：《尔雅》称蘧麦，《群芳谱》记载了石竹的形态、品种和栽培法，19世纪经日本传入俄国圣彼得堡。唐朝著名诗人李白与杜甫均有“石竹绣罗衣”与“麝香眠石竹”的诗句，颂赞石竹之美。唐代文学家陆龟蒙在《石竹花咏》一诗中写道：“曾看南朝画国蛙，古梦衣上碎金霞，而今莫共金钱斗，买断春风是此花”。元代诗人蒲道源在《赋石竹》一诗中写道：“短篱新见出梢梢，葱茜都无尺许高，茜色芳葩工点缀，莫教容易混蓬蒿。”宋人王敬美曰：“石竹虽是野花，厚培之，能做重台异态”。历代诗人墨客对石竹的吟咏很多。如：“麝香眠后露檀匀，绣在罗衣色未真”（王文公）。“真竹乃不花，尔独艳暮春”（张文潜）。“种玉乱抽青节瘦，刻缯轻点绛华圆；风霜不放飘零落，雨露应从爱惜偏”（王荆石）。可见那时，五颜六色的石竹花，已经是多么光彩夺目。

2 石竹属花卉的分类和品种介绍

2.1 石竹属一二年生的常见种、变种和品种

2.1.1 石竹

学名：*Dianthus chinensis* L.

别名：中国石竹、洛阳石竹。

形态特征 石竹科多年生草本，常作一二年生栽培。株高30～50cm，茎直立或细弱，基部稍呈匍匐状。单叶对生，狭的线状披针形，基部抱茎，叶脉3～5条。花单生或数朵顶生，花瓣5片，先端浅裂呈牙齿状；花茎2～3cm，苞片4～6枚，苞片与萼筒近等长，萼筒上有条纹；花有粉、粉红、红、淡紫等色，微香；花期5～9月（图2-1）。

图2-1 中国石竹

产地及习性 原产我国，分布广，东北、华北、西北以及长江流域均有栽培。喜凉爽，阳光充足，高燥、耐寒、喜肥，也耐瘠薄。较须苞石竹耐寒。其他同须苞石竹。

应用 可用于花坛、花境及路边、草坪边缘丛植或作地被植物。也可盆栽组成花堆，布置道路、广场等。

常见变种

栽培较多的均为变种或变型。

①**锦团石竹**（*D.chinensis* L.var.*heddewigii* Regel.） 又名繁花石竹，虹石竹。植株较矮，高20~30cm，茎叶被白粉，呈灰绿色；花大，花径4~6cm，花瓣先端齿裂或羽裂，花形、花色丰富多变，具有重瓣品种。因花色艳丽如锦，故成为国内外最受欢迎的类型。按其花型和花瓣卷曲程度分为扁平型、香石竹型和羽裂型。本变种耐寒，春化阶段对低温要求不甚严格，可作一年生栽培。

②**羽裂石竹**（*D.chinensis* L.var.*laciniatus* Regel.） 又名繸石竹.花瓣先端深裂成细线条，裂片深达瓣长的1/3以上，甚至过半，往往微呈扭曲状。花大，直径5~6cm，单瓣，并有重瓣品种。

当前国际流行的石竹新优特品种

①**'科罗娜樱桃红魔术'**（Corona Cherry Magic） 获2003年全美花卉品种奖和欧洲花卉品种选拔赛质量标志奖，有显著醒目的花园展示效果；株型紧凑，株高20~25cm，极早花，最大花径6~7cm，单瓣，花色靓丽炫耀，纯樱桃红色、浅紫色，带樱桃红花心，好象是浅紫和樱桃红的“扎染”色，还有纯白色类型。是一个很好的全日照花坛植物，是盘盒容器和小花盆盆栽生产的理想品种。

②**'情人'**（Valentine） 镶有白色的宽羽裂花边的红色花朵，开花早，株型更紧凑。低光照条件下的早花习性，具有作为情人节和圣诞节的新奇小型礼品盆花销售的极佳潜力。在温带地区，作为盆花欣赏之后，还可栽植到花园中继续观赏，效果亦很好。室外栽培株高20~25cm。花坛栽培效果也十分理想。

③**五彩石竹**（*Dianthus chinensis* L.）**（中国石竹）** '中国'，高约40 cm，生长强健，重瓣，大花，花瓣边缘有缺刻呈波浪状，花色有粉、粉红、红、紫红等色。色泽美丽。适合盆钵及花坛栽植。

④**三寸石竹（变种）'加茂'** 极矮生，花色丰富，鲜艳，花径3cm，多花性，花瓣边缘有深羽裂，株型茂盛。适于盆钵，花坛栽植。

⑤**五寸石竹（变种）'千辉'** 高约20 cm，植株茂盛紧密，基部

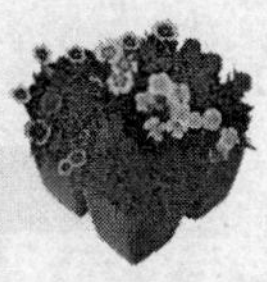

分枝多，非常多花，花径约 4cm，色彩丰富，有粉红、桃红、双色、白色等。适合盆钵，花坛栽培。

2.1.2 须苞石竹

学名：*Dianthus barbatus* L.

别名：五彩石竹、美国石竹、十样锦

形态特征 石竹科多年生草本，常作 2 年生栽培。株高 40 ~ 60cm，茎光滑，粗而硬，微有 4 棱，直立，节间长于中国石竹，分枝少；叶较宽，阔披针形至狭椭圆形，具平行脉，叶中脉明显。花小而多，密集呈头状聚伞花序，下面具端部细长如须的叶状苞片，花序直径可达 10cm 以上；花瓣 5 枚，先端齿裂或具须毛；花色有黑紫、绯红、白、粉红等色彩；花瓣上常有异色环纹或镶边，微有香气。花期 5 ~ 6 月，为早花种（图 2-2）。

图 2-2 须苞石竹

产地和习性 原产欧洲、亚洲。美国栽培甚盛，园艺品种系由美国传入我国，故又名美国石竹。其习性与中国石竹相似，喜凉爽，通风良好，光照充足，耐寒，但耐寒性比中国石竹差一些，而宿根性较中国石竹强。喜肥，也耐干旱，耐瘠薄．春化阶段对低温要求比较严格，需在 0 ~ 10℃下 30 ~ 70 天方可通过。适合于肥沃、排水良好的石灰质土壤，一般秋播繁殖。常作二年生栽培。易种间杂交，注意采种母株的隔离，以防止品种混杂。

当前流行的新优特品种

①**‘灰姑娘’**（Cinderella Mixtur） 为多用途 F_1 代石竹品种，是

商业切花新秀，也可在家庭庭院内种植这种耐霜冻的观赏切花品种。有色彩明亮的白色、胭脂红色、玫瑰红色、粉红色、猩红色和胭脂红色带花心等花色。种子繁殖的“灰姑娘”从穴盘苗长至成株的时间较短。株高45~90cm，不需春化处理即可开花。花茎强健、坚韧，不需支柱和绑扎。如种露地茎更高，不需设立花网固定植株或摘心。适于作切花瓶插、插花及盆栽。

②**‘亚马逊彩虹二重奏’**(Amazon Noon Duo)　为多用途品种，是特殊的花坛植物及盆栽花卉。也是杰出的商业和庭院切花，可耐－30℃的多年生花卉。不需春化处理即可开花。锯齿状花边，花朵靓丽，两种鲜艳花色，即彩虹樱红色和浓紫色。黑绿色的光泽叶片是浓艳花朵的绝佳衬托背景，鲜明的反差极易吸引人们的注意。花坛栽培，株高45~60cm；冬季温室生产，株高可达45~90cm。也可盆栽欣赏。

③**‘紫花束’**(Bouquet Purple)　十分畅销的浅紫花色，开放式花边，淡雅的芳香味，具有不同寻常的“花束”状外观，分枝性佳，花茎强健不需支柱。用途广泛。耐寒性强，整个生长期花开不断，为园林绿化和庭院切花的理想选择。地栽时株高45~60cm，适于10cm或大型花器栽培。从穴盘苗至开花的周期短。商业切花比其他品种产量高。开花早，温室栽培茎秆高可达45~90cm。几株合栽在一个盆内效果也佳。

图2-3　石竹梅

2.1.3　杂交石竹

学名：*Dianthus latifolius* Willd.

别名：石竹梅、美人草、宽叶石竹。

形态特征　本种是中国石竹和须苞石竹的杂交种，形态上介于两者之间．花瓣表面具有银白色的边缘，背面全为

银白色，多复瓣或重瓣，无香味。有变种（*D. latifolius* Willd. var. *atrococcineus*），花暗红色（图 2-3）。广泛分布世界各地，园艺品种很多。

当前流行国际的新优特品种

(1)‘天王星系列’

以其杰出的矮性表现，继续傲视杂交石竹其他品种。高约 15 ~ 20cm，早花性，色彩丰富瑰丽而多花，花径约 3 ~ 4cm ，花开不断，花期长，是世界所公认最佳、得奖最多的品系，均为杂种一代。适合盆钵、花坛栽植，有以下不同颜色：

- ‘天王星’/浓红色（ F_1 Telster Crimson ） 为欧洲花卉选拔金牌奖得奖品种
- ‘天王星’/浓桃红色（F_1 Telster Carmine Rose ）
- ‘天王星’/红、白双色（白花边）（ F_1 Telster Picotee ） 为全美花卉选拔获奖品种，多花。
- ‘天王星’/粉红色（ F_1 Telster Pink ）
- ‘天王星’/紫红色（ F_1 Telster Orchid ）
- ‘天王星’/紫红、白双色（带白花边） （ F_1 Telster Purple Picotee ） 多花。
- ‘天王星’/绯红色（ F_1 Telster Scarlet ） 花大。
- ‘天王星’/白色（F_1 Telster white）

(2)‘魔琴系列’ 深粉色

(3)‘花边系列’

绯红色花，白细齿牙边，白心，花大。

‘花边系列’/桃红色花，白宽羽裂花边，白心，花大。

(4)‘节日’(Festivall) 系列

花大，色艳，花茎 4cm，是杂交石竹系列中花最大的品种。推荐用于盘盒容器或盆栽生产，株高 20 ~ 25cm。在凉爽的气候条件下，开花早且表现良好。

• 节日/樱桃红，白色羽裂花边，花大醒目。获欧洲花卉品种选拔赛质量标志奖。

• 节日/胭脂红带玫瑰红/带粉红色羽裂花边。

(5) **完美系列** (Ideall)

早花，耐高温和霜冻，有18个花色。可作一二年生栽培，表现良好。亮绿色叶片与艳丽花色相映成趣，花簇顶生。可用盘盒容器或小花盆来高密度生产。花茎3cm，地栽株高20～25cm，冠幅35cm。有以下不同颜色

• 完美/西方混色，全部纯色花和复色花品种混合搭配，很美丽。

• 完美/胭脂红色，获欧洲花卉品种选拔赛质量标志奖。

• 完美/纯白色花，带白羽裂边。

• 完美/深紫罗兰色，白心，获全美花卉品种选育奖。

以上品种因矮而花密，均适合花坛、地被以及盆钵栽培。

2.2 石竹属多年生宿根性强的常见种及品种

2.2.1 高山石竹

学名：*Dianthus alpinus* L.

形态特征 矮生多年生草本，高5～10cm；叶绿色，具光泽，钝头；基生叶线状披针形，基部狭，有细齿牙；茎生叶2～5对。花单生，径5～6cm，粉红色，喉部紫色具白色斑及环纹，无香气；花期7～9月。2n = 30。

产地 原产前苏联至地中海沿岸的欧洲高山地带。1759年传至欧洲其他地区。

变种 *var. repens* Regel. 株型极矮，自基部有分枝；花紫色，萼肿胀，长约1cm。分布于西伯利亚至阿拉斯加等地。

应用 用作地被及花坛镶边。

2.2.2 常夏石竹

学名：*D. plumarius* L.

别名：羽裂石竹

形态特征 石竹科低矮簇生的多年生草本。株高30cm，植株光滑被白霜，茎毡状丛生，枝叶细而紧密。叶缘具细齿，中脉在叶背隆起，叶厚，灰绿色，长线形，对生，脉平形；花2～3朵顶生；花径3.5～4cm，花葶高45cm，花很香，花瓣先端深裂呈流苏状，基部爪明显；花粉红、紫、玫瑰红、白色或复色。表面常有环纹或紫黑色的心；花萼管状，紫色，2.5cm长，5齿裂，多脉，具有4个短、宽而多刺的副萼。花期5～8月。2n＝30，90（图2-4）。

图2-4 常夏石竹

产地 原产奥地利至西伯利亚，1573年园艺化后多栽培应用。

应用 用于花坛、花境、切花及岩石园，园艺品种较多。

主要园艺品种有：

• 巨人‘Cyclops’，单瓣或半重瓣，粉至红色。

• 红口水仙‘Pheasant’s Eye’，单瓣，喉部有大的暗色斑。

• 苏格兰‘Scotland’，半重瓣或重瓣，花大，花色丰富，还有高型品种。

2.2.3 瞿麦

学名：*Dilan superbus* L..

别名：长萼瞿麦。

形态特征 石竹科多年生草本，高60cm，光滑而有分枝，数本

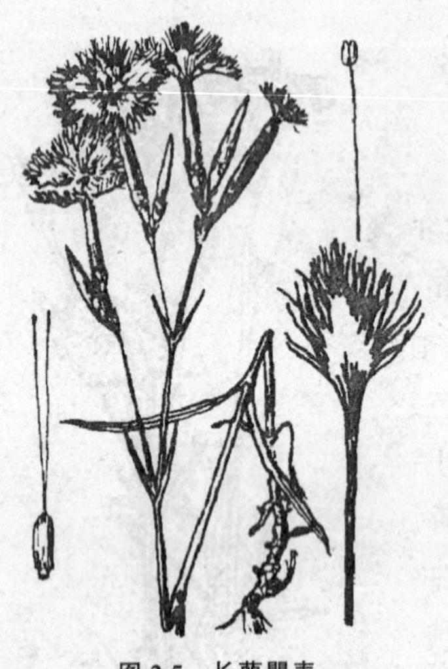
图 2-5 长萼瞿麦

丛生；植株不具有白霜，浅绿色。叶对生，平展，质软，基部短鞘围抱茎节上，叶线形或线状披针形，全缘，具 3 ~ 5 脉。花单生或成稀疏的圆锥花序；花瓣边缘丝状深刻，具长爪，花径约 4cm；萼筒长 2 ~ 3cm，端有长尖芒；萼筒基部有 2 对苞片；花色有淡粉红、桃红、白及雪青色，少有紫红色；芳香；花期 5 ~ 7 月（图 2-5）。

产地 原产欧洲及亚洲温带。我国多数省均有分布。

应用 多用于花坛、花境、切花及盆栽。

变种 var. *longIcalycInus* Williams. 高 30 ~ 80 cm，苞片 3 ~ 4 对，萼细长 3 ~ 4cm，母本广泛分布。var. *SpecIosus* Reichb . 高 30 cm 以下，茎细而丛生，全株光滑，叶对生，有时带白粉。花红色至淡红或白色；花径 4 cm，常有香气。花瓣缘细长裂，爪部暗绿色，并有紫褐色须毛。1596 年介绍至欧洲。forma *albiflora* Hort. 花白色；花期 7 ~ 8 月。易于栽培。

2.2.4 奥尔沃德氏石竹

学名：*Dianthus allwoodii* Hort.

形态特征 是由英国奥尔沃德 Allwood 杂交选育出来的。亲本是香石竹和常夏石竹。多年生草本，高 30 ~ 40cm，叶硬，丛生，叶较宽。花色多样，花瓣全缘或有齿牙，有单瓣，重瓣等多个品种。2n = 90.

品种 还有奥尔沃德与高山石竹 *D. alpinus* L . 的杂交种，茎矮，丛生，花小，粉红色。多用于岩石园。

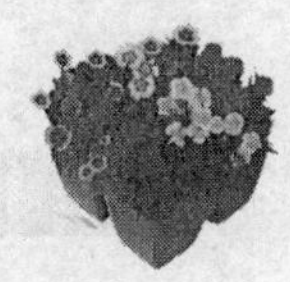

2.2.5 西洋石竹

学名：*Dianthus deltoides* L.

别名：少女石竹．一叶石竹。

形态特征 石竹科多年生草本，株高15～25cm，植株低矮丛生而呈毯状覆盖地面，着花茎直立，叉状分枝，稍被毛。叶小，线状披针形，具三条脉，叶柄长，基生叶倒卵状披针形。花单生于茎顶，花茎上部分枝；花瓣顶浅裂呈齿状，有簇毛，花有粉、白或淡紫色，花喉部常有"V"形斑，花径约2cm，具芳香；苞片2枚，狭而尖；花期6～9月(图2-6)。

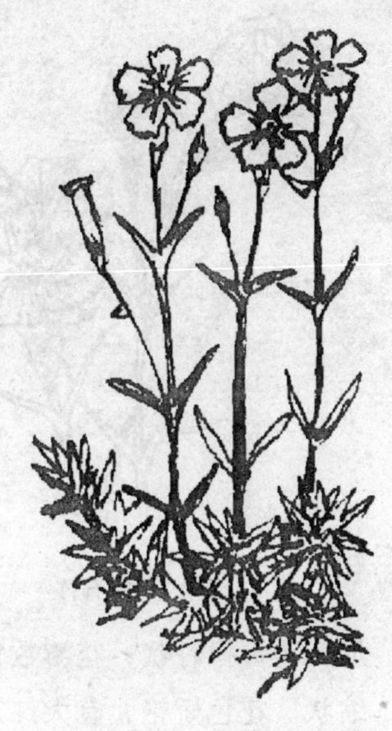

图2-6 西洋石竹

产地与习性 原产英国、挪威及日本，园林中多栽培。喜凉爽及稍湿润，耐热（不开花），耐半阴；宜排水好的沙质土壤。

主要品种 辉煌'Brillant'，花鲜红色。爱瑞克塔'Erecta'，花亮红色。

• **'地毯系列'**颇受世界欢迎：有浓红色、桃红色、粉红带白花边、白色等色。高约20cm，较矮，花单瓣，早生，花小而密，丛生，覆盖地面，花色艳丽明亮。

繁殖和应用 适合压条、分株、播种或扦插繁殖。花坛栽植，地被、岩石园、路旁丛植可作镶边材料；作盆钵栽培也十分美丽。

2.2.6 香石竹

学名：*Dianthus caryophyllus* L.

别名：康乃馨、麝香石竹．

图 2-7 香石竹

形态特征 香石竹为石竹科石竹属的常绿亚灌木，作多年生草本栽培。株高 40～80cm，茎直立，多分枝，光滑无毛，基部常木质化。整个植株被蜡状白粉，呈灰绿色，茎干硬而脆，节膨大；单叶对生，基部抱茎，上半部向外弯曲，线状披针形，全缘，叶质较厚。花单生或 2～5 朵簇生枝顶，呈聚伞状排列；花冠石竹形，花萼筒形，端部 5 裂，裂片广卵形，花蕾橡籽状；花瓣数目 5～80，花瓣扇形具爪，花朵内瓣多呈皱缩状。花色娇艳，有大红、粉红、鹅黄、白、深红等，花茎 4～8cm。还有玛瑙等复色及镶边色等，有香气。苞片 2～3 层，紧贴萼筒；花期 5～7 月，温室栽培可四季有花，1～2 月为盛花期（图 2-7）。

分布与习性 香石竹原产于欧洲南部，地中海北岸的法国到希腊一带。现在世界各地广泛栽培，主要产区在意大利、荷兰、波兰、以色列、哥伦比亚、美国等国；我国香石竹以上海最为著名，但近十年来云南昆明等地有很大发展已超过了上海的面积。

香石竹是一种喜阳光充足的中日照花卉，喜干燥、通风良好的环境，忌高温高湿环境，最适宜温度为 20℃左右，夜间保持 10～15℃。香石竹喜通气排水良好及腐殖质丰富微酸性的粘壤土，适宜的土壤 pH 值为 6～6.5。香石竹花期长，单朵花开放的时间也长，通常在 15～25 天。露地栽培的香石竹主要花期在 5～6 月和 9～10 月。温室栽培的如能提供适合香石竹生长发育的良好环境，除炎热的夏季外，可全年开花不断，按开花习性可分为一季开花与四季开花两类。

香石竹品种分类

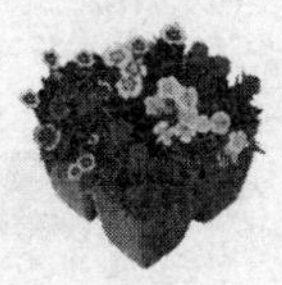

香石竹的栽培品种甚多，按其栽培方式可将其分为两大类。

(1) **露地栽培类**

耐寒力较强，在长江流域以北、黄河以南可露地越冬，常作二年生栽培。

①**一季开花类**　花坛香石竹（Border Carnation），耐寒，在上海可露地越冬，在北京可在冷床越冬，常作2年生栽培。花梗细，花瓣有锯齿，芳香。可作花坛，切花和盆花。

②**四季开花类**　四季开花以夏天为盛。多具一二年生习性。有以下品种和类型：

• **延命菊型香石竹**（Marguerite Carnation），育出年限久，由多种杂交育出，比花坛香石竹花大，株高，花瓣齿裂深，花色丰富，多作一二年生栽培。

• **肖勃德型香石竹**（Chaboud Carnation），是由延命菊型香石竹和树型香石竹品种间杂交而得。花大轮，香味浓，分枝力强，宜秋播，从6月到秋天陆续开花。

• **英弗特型香石竹**（Enfantde Nice Carnation），比肖勃德型叶宽、茎粗、节长、花大轮，花瓣齿裂浅，花容丰满元润，花色丰富。

• **巨花型香石竹**（Supergiant Carnation），是延命菊型香石竹改良的大花品种。花大、茎粗、叶宽，花瓣缺刻少，花色丰富，多重瓣性。

(2) **温室栽培类**

亚灌木，四季开花，适于温室地栽（用于切花）和盆栽。

按花茎上花朵大小与数目及高矮，可分为3类：

①**人花型香石竹（标准型）**　为现今香石竹的大花型品种，一枝上一朵花。由美国威廉西姆（William Sim）于1938～1939年育成的‘威廉西姆’。经美国、荷兰、瑞典、丹麦等国育种家的努力，‘威廉西姆’系的芽变品种已达250个以上。如来自荷兰的：‘波哥大’（Bogota），花白色；‘托莱多’（Toledo），花金黄色；‘基多’（Quito）花白色，瓣

缘镶红线；‘粉尤利亚’（Pink Julia），花粉色等。近年来又有地中海系统等出现，也是继承威廉西姆氏，但致力于抗病品种的选育。如：斯塔纳沙（Stanarthnr），斯塔诺卡（Stanoker），斯塔托纳（Statorna）。这类香石竹以花色可分为：白花种（White）、淡桃红种（Light Pink）、深鲑肉红种（Dark Salmon）、红花种（Red）、黄花种（Yellow）、橙花种（Orange）、紫晕种（Purple Frosted）、斑纹种（Variegated）等。

②**散枝型香石竹**　中小花型一枝多花的品种群。主要用于切花也可盆栽。常见品种有：‘红芭芭拉’（Red Barbara），红花、早花、丰产、生长势强。‘米尔娜’（Mirna），早花、纯黄色、茎坚挺、丰产性强；‘比安卡’（Bianca），早花、纯白色、茎硬、生长势强健、抗病性强，易栽培。还有：‘粉黛安娜’（Pink Diana）、‘粉利安娜’（Pink Liannei）、‘桑塔纳’（Santana）、‘李奇’（RiQi）、‘红艾西’（Red Eisy）、‘红卡普利’（RedCapni）、‘银星’（Siluerstar）、‘阳光’（Sunray）、‘黄格恩斯’（Guernseyellow）、‘花玛丽塔’（Marita）、‘黄里奥’（Rio）等。主要供切花用，也可盆栽。近年来，多花散枝香石竹正在引起人们越来越浓的兴趣，受到消费者的青睐，正在逐步流行。

③**盆栽矮香石竹**　适于温室盆栽。多为杂种一代（F_1），多用播种繁殖。植株低矮，10～30cm，茎坚挺。常见品种有：‘红骑士’（Crimson Knight），花深红色；‘小裙’（Miniskirt），一季开花，极早花，花径4cm，香气浓，较耐寒，是母亲节用花的极好品种；‘美红’（Nice Scarlet），四季开花，朱红色，花径5.5cm，株高10～15cm。

我国从国外引入的香石竹品种

育种工作者每年都有新品种推出。我国由于花卉起步晚，受条件制约，栽培品种靠国外进口。从80年代开始引入国外品种。由于对品种特性不甚了解，引进时往往只考虑花色等表面性状，因此，生产出的花卉在产量和质量上存在着很大的差异，品种优势得不到发挥，上海花卉良种场从1986年起先后从荷兰引进香石竹品种72个，通过对花

期习性的观察对比，从中选出两大类型的品种：一类为适夏性品种，其在高温和较长日照的条件下表现出良好的性状，以‘罗马’、‘肯迪’、‘坦哥’、‘帕来丝’为代表；另一类是对日照、温度要求较低的适冬性品种，以‘特来西尔’，‘白西姆’、‘凯利帕索’、‘皮尔姆’、‘威尔塞姆’为代表。

目前我国香石竹栽培用的种苗主要是由上海生产（见表2-1）。

表2.1　适合上海气候的两大类型香石竹部分品种

类型	品种	花色	生长期	株高	分枝性	抗病性	耐温性
夏季型	坦加丁 Tanga	鲜红	早	极高	强	极强	耐高温
	托纳多 Tornado	红	中	高	中	强	耐高温
	白糖 Whitecandy	白	晚	中	强	中	耐高温
	海利丝 Hdles	白红复色	中	高	中	强	耐高温
	糖果 Candy	黄	晚	中	强	中	耐高温
	罗马 Roma	奶白	中晚	中	强	强	耐高温
	埃丝帕纳 Espana	大红	早	极高	中	极强	耐高温
	洛查 Roza	浅红	早	中	中	强	极耐高温
	科索 Corso	深粉	早	高	强	中	耐高温
	尼基塔 Nikita	主色复色	中晚	高	强	强	耐高温
冬季型	范尼莎 Vanes-sa	紫	中	中	一般	一般	一般
	白西姆 Whitsim	白	极早	短	一般	强	耐寒
	莱纳 Lena	粉	早	短	一般	强	耐寒
	诺拉 Lona	浅粉	早	短	一般	极强	耐寒
	威廉西姆 Williansin	大红	极早	短	一般	强	耐寒
	卡利 Kaly	纯白	早	极短	一般	强	耐寒
	科莱普索 Colypso	粉红	早	中	一般	强	耐寒

当前国内外流行的新优品种

(1) 常见大花型切花品种

- ‘西加拿大’（West canada）
- ‘绿魔’（Green Magic）
- ‘赞歌’（Zenga）
- ‘彪马’（Puma）
- ‘丽派得’（Leopard）
- ‘橙得胜’（Orange Triumph）
- ‘流星’（Meteor）
- ‘达拉斯’（Dallas）
- ‘西可爱’（West Pretty）
- ‘海豚’（Dolphin）

(2) 散枝型香石竹——小花多分枝的切花盆栽品种

- ‘桑内特/爱维’（Sonnetto Eve）　鲜红色、小轮花，极早花。
- ‘红钟’（Scarlet Bell）　绯红色、极早花。
- ‘杨贵妃’（Youkihi）　红色、极早花，市场销量大。
- ‘劳拉’（Laura）　桔红色花，边缘色浅，早花。
- ‘哈罗’（Harou）　白色花、中花，边缘桔红色。
- ‘红芭芭拉’（Red Barbara）　鲜红色，中花性，品质好。
- ‘白芭芭拉’（White Barbara）　花纯白色，中花性。
- ‘爱力斯塔’（Alicetta）　桔黄色花，晚花性，品质好。
- ‘粉罗朗特’（Pink Roland）　花浅粉色，极早花。
- ‘鲜红色罗朗特’（Salmon Roland）　鲜红色，早花。

(3) 矮性盆栽香石竹品种

- ‘宝贝心’（Baby Heart）
- ‘亚里加塔克’（Yarigatake）
- ‘亚磁加塔克’（Yatsugatake）

- ‘科玛加塔克’（Komagatake）
- ‘诺利科拉’（Norikura）
- ‘萨科拉基马’（Sakurajima）（新品种）
- ‘科利西玛’（Kirshima）（新品种）

香石竹的应用价值

香石竹以其花朵绮丽、高雅、馨香，单花花期长，价格较低，便于包装运输，容易贮藏和保鲜，在世界各地广泛栽培，是当代世界各国最大众化的重要切花种类之一，其产量约占全球切花的17%，仅次于切花菊。它是石竹属中最优秀的一个种。香石竹可进行工业化生产，即可采用机械化、自动化大规模生产，是所有室内切花生产中单位面积收益最高的切花种类，世界销售量最高，占切花销售总额40%。

香石竹为世人公认的“母亲之花”。从家庭瓶插装饰到生日、婚宴庆贺及丧祭等活动，都广泛用香石竹作插花花材，做成花束、花篮、花环、胸花、襟花等，装饰效果好，价格合理，为广大消费者所接受。欧洲一些人士认为它是“穷人的玫瑰”。

香石竹年年都有新品种推出，如以色列品种、德国品种、荷兰品种、法国品种等。有适于露地栽培的品种；有适宜温室栽培的品种。故香石竹的品种和类型相当丰富，除少数品系用于点缀花坛外，绝大多数品系属于切花类型。一般耐寒力较强的露地栽培种，可露地越冬，在长江以北黄河以南可作露地栽培，用于花坛花境布置或作切花，常作二年生栽培。耐寒力较弱的温室栽培种，呈亚灌木状，常四季开花，多作切花生产，全年在温室栽培。其中一些多分枝的中花、小花品种及矮性品种很适合盆栽，用于室内观赏及阳台装饰。无论地栽、盆栽或作切花观赏价值均很高。

3 石竹盆栽准备

3.1 石竹种子、幼苗、盆花的选购

3.1.1 选购盆花的注意事项

在花店出售的盆栽植物，大都是在温室中养成的。光照条件好，空气湿度高，同时由于光合作用强，生长较快，施肥量和浇水也都比较大。购买这些盆栽植物如果直接放在居室内，就很容易引起不适应。居室内光照条件差，光合作用降低，如果这时盆内的肥料浓度仍维持在较高的水平上，就会引起植株损伤。另外，室内空气温度的变化太大，空气相对湿度较小，植物有时也难以立即作出适应。作为生产者和销售者在出售以前应在光照较差、温度较低的棚子里对观赏植物进行“强化锻练”。经过了这种过渡的植株比较容易适应居民家中的环境。目前我国还很少进行这方面的工作，而在有些国家，顾客选购盆花时却很注意生产者在这方面的信誉。如顾客确信他们的产品是经过“强化锻练”，虽从别的方面看起来都差不多，价格却要高一些，他们也是乐于购买的。选购盆花应注意以下几点：

(1) 购买的最佳时期

石竹盆花的购买最好是在春天或秋天，这个时候是花卉植物最佳的栽培季节。这时温度适中，以免在运输途中或市场上因温度过高或过低而受到损害。春、夏季也是初种者最佳的购买时间。特别是喜温性植物，如果秋季购买，很快就进入管理麻烦的冬季，也就无暇欣赏其美妙了。但是春夏季买花往往易被伪装的“繁茂”所迷惑，早生夭折的比较多，而秋季购买的花卉因为经过了几个月的养护，买回来更安全一些。

(2) 注意观察植株状态

①**植株的新叶健旺，没有枯叶** 这说明植株的根系生长正常或已经缓苗成活，若新叶萎蔫，就一定要扒开看看根系，有些花甚至连根都没有。

②**叶色鲜亮，长势良好，没有病虫害** 要挑选株型紧凑、叶片光亮、厚实，生长健壮的植株，而不要挑选枝条柔软细弱，叶片上有病或枝条下垂的植株。有些花看上去还很精神，其实在运输、上盆过程中已经受到损伤但在当时无明显表现，而放一段时间后才暴露出来。这是非常危险的。判断它主要看盆土是不是刚刚换的，植株是否摇晃。检查病虫害时，叶表面，叶背面、整个植株都要认真检查。

③**植株大小适中** 植株的尺寸并非越大越好，销售的东西往往植株比盆大，这样就容易发生盘根、缺肥。因此，要选盆和株相当的。生长旺盛的品种不要选长满盆的。

3.1.2 怎样挑选和购买石竹、香石竹的种子、幼苗及盆花

(1) 石竹种子幼苗的选购

作一二年生栽培的中国石竹及其变种锦团石竹、须苞石竹、石竹梅等这几种石竹，一般都采用种子繁殖（也可用扦插），因多年生性不强，2～3年即衰老开花不良，故常作二年生栽培。可作庭院栽培。锦团石竹可作一年生或短期多年生栽培，耐寒性强，在长江流域及华北地区可露地越冬。五彩石竹与石竹梅必须于播种后次年才能开花，在华北地区稍加覆盖即可越冬，所以可以在庭院内栽培。石竹属花卉在栽培不良时常导致品种退化，且种间极易天然杂交，因而产生了许多富于变化的杂交石竹，所以在购买种子时要注意种子的品种名称，一定要购买声誉较好的种苗公司的种子如：F_1代或品种纯正的种子。种子质量的好坏是繁殖的关键。

优良种子必须具备以下条件 子粒饱满、充实、有光泽；新鲜的种子比陈旧的种子发芽率高，发芽势强，最好是当年的或头年的种

子，石竹种子的寿命为3～5年；品种必须纯正，不可以混杂别的品种的种子；纯净的种子无杂质及草籽；无病虫害的种子。

如果购买石竹苗及青壮苗均应选择叶色浓绿、叶片厚实平展、无皱缩现象、茎杆挺立不弯曲的健壮幼苗。怎样播种繁殖将在后面叙述。

(2) 香石竹苗的选购

香石竹可用扦插、播种、组织培养等方法进行繁殖。播种多用于人工杂交育种，生产上用苗多以扦插苗为主，而用组织培养生产的无毒试管苗，将最终取代现代扦插苗。上海市生产的香石竹试管苗已基本达到进口苗水平，在生产上已大量推广应用。目前国内自己生产的优质、无病毒试管苗可以供应所有生产用苗。香石竹优质种苗的优良性状一般只能维持8～12个月，以后就可能产生性状上的退化，抗性下降，插穗质量下降，影响切花品质及花朵的品质。国外香石竹生产的种苗是由专业种苗公司繁育，生产者购买扦插苗而不自己繁殖，一般种苗一年需换一次。国内大部分香石竹生产者是将购买来的扦插苗（或组培苗）作为采穗种株（母株），不断从中采取插穗，繁殖系数为1：25～30。种苗采穗期限为12～13个月，此后可能产生性状退化，影响切花品质，一年后需更换母株（种苗），盆栽的种苗也一样。家庭购买香石竹幼苗（一般是营养钵苗），首先要知道它的来源，一般组培苗是无毒苗，比较保险。如买扦插苗来盆栽，从外表看应是叶色葱绿，叶片平展无皱缩现象，叶片厚实，茎杆粗壮，挺直，不弯曲，无病害的苗才比较保险。

(3) 石竹及香石竹盆花的选购

如要购买石竹盆花，首先应从植株外表看叶色葱绿，叶片平展，无皱缩现象、叶片厚实、茎杆直立粗壮，顶端花朵色艳，颜色纯正，花瓣表面有绒光的。石竹盆花一般是一盆栽几株苗的，如是花蕾期的盆花最好花蕾已现苞，一盆中已有1～2朵开放为好，要求苗高矮一致，这样花朵开出后在同一平面内，而不是高低错落的，影响整盆石

为读者找好书 为好书找读者

“百花盆栽图说丛书”的出版，得到了中国花卉报社的大力支持。《中国花卉报》注重介绍国内外花卉发展的先进技术和发展趋势，报道花卉园林界的最新科研成果，关注业内热点、难点问题，尤其是在传播知识与技能方面，既有专家的指导性论述，又有职业花匠和养花爱好者在实践中总结出来的经验和小窍门。其邮发订阅代号为1—98。

北京中花园艺公司是隶属于中国花卉报社的园林花卉行业知名企业，自91年成立以来已直接向本行业推广专业图书千余种百万多册。除本套丛书外该公司还备有800余种专业图书，涵盖花木类、盆景插花类、园林工程类、花木病虫害防治类等方方面面，并对外地读者开办邮购业务。为读者找好书，为好书找读者是北京中花园艺公司的一项重要服务工作。

北京中花园艺公司已发展成集园林花卉图书、专业音像制品、各类化肥花药、各型园艺资材和园林机械、各种优质国产和进口花卉和草坪种子、园林设计软件等的综合性企业。

附：读者反馈卡

姓名：	邮编：	联系电话
地址：		
需求和建议：		

凡将此卡复制并寄回北京中花园艺公司的读者，

均将获得该公司的图书目录一份和赠寄的《中国花卉报》一份。

竹的观赏价值。

购买香石竹盆花，如是散枝型香石竹，因为多分枝，一般应是一盆栽一株为好，而且尽量选择矮性的类型为好。除了从植株的外表上选择，应和选苗一样要求外，如选顶端开一朵花的品种，要选花朵硕大的大花型品种为好，一盆可栽 3～4 株或 4～5 株，植株要高矮一致，选茎秆较矮的品种为宜，同时花朵颜色要纯正，叶片和花蕾无皱缩现象为好。

3.2 盆栽石竹的工具和花盆的准备

3.2.1 基本工具的准备（图 3-1）

喷雾器 防治病虫害，小型喷雾器还可喷雾根外追肥及微量元素等。

喷壶 有条件时可以焊制活头细眼喷壶，这种活头细眼喷壶使用起来非常方便。喷头朝上时，喷出来的水向上再翻下，水的冲力小，适合喷小苗；喷头向下时，可以用作喷浇一般的小盆花卉；卸下喷头又可用于大盆花卉浇水。

剪刀 修枝剪和普通剪刀，用以给石竹整枝修剪。

嫁接刀 嫁接时用。

小花铲 上盆时铲土，换盆时修根以及起苗用。

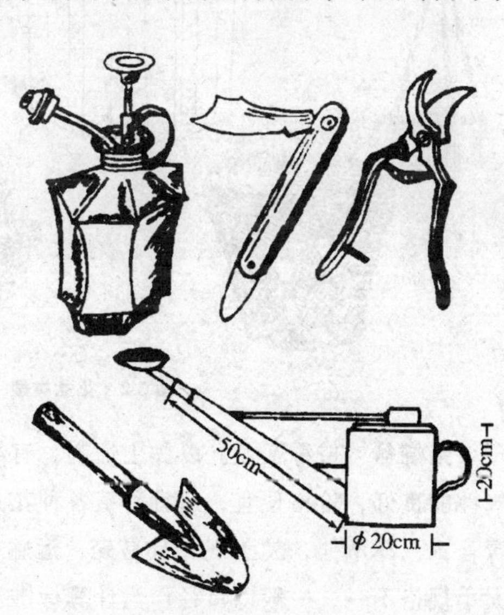

图 3-1 养花工具图

小镊子 移小苗时用。

小耙子 用粗铁丝拧成 2～3 个齿。

播种箱 浅盆（直径 30cm 高 10cm 的浅盆）或浅木箱（60cm×40cm×10cm）或穴盘育苗箱。

扦插箱 可用高 20cm，大小同上的塑料箱（底部有洞）。

其他用具 粗细筛子，种子箱，种子袋，标签及标牌等（图 3-1）。

3.2.2 花盆的配置

(1) 花盆的种类

花盆的种类很多，通常依质地及使用目的用途等进行分类。最常用的有以下几种（图 3-2）：

图 3-2 花盆类型

素烧盆 俗称瓦盆。以黏土烧制，有红盆和灰盆两种。素烧盆通气性能良好，价格便宜，适宜种植各种花卉，但制作较为粗糙，易生青苔，色泽不佳，欠美观，且易碎，运输不便。素烧盆通常为圆形，大小规格不一，一般以口径作为计算标准。最常用的盆是其口径与盆高约相等。素烧盆易破碎，不适于栽植大型花木。通常盆底或两侧留

有小洞孔，以排除多余水分。

陶瓷盆　由高岭土制成。上釉的为瓷盆，不上釉的为陶盆。盆底或侧面有小洞，以利排水。作为水培者则无洞，如水仙盆等。瓷盆带有彩色绘画，外形美观，但通气透水性不良，不适于花卉栽培，一般作套盆或短期观赏用，适于室内装饰及展览之用。陶盆多为紫褐色或赭紫色，有一定的排水、通气性。陶瓷盆外形除圆形外，也有方形、菱形、六角形等式样。

木盆或木桶　供栽植大中型植物用，形状以上大下小的方形、圆形为主，也有扇形的；它的规格比较大，大者口径为 60 ~ 80cm，多选用质坚而又耐腐蚀的红松、栗杉木，柏木制成。盆下设短脚，以免盆底直接着地而导致腐烂。盆底设排水孔，并侧面装有把手，便于搬运。年销花的花灌木多用此花盆，在东南亚各国各种山庄花园中用得较多，显得古朴大方，更趋于回归自然的风格。

紫砂盆　质地有紫砂、红砂、白砂、乌砂、春砂、梨皮砂等种类。形式多样，有圆、正方、长方、椭圆形、六角形、梅花型等。造型美观，外部常有刻字装饰。紫砂盆古朴大方，色彩调和，只是透气性能稍差，多用于室内名贵花卉以及盆景栽培。

塑料盆及钵　色彩也极为丰富，有乳白、淡黄、紫红、绿、蓝紫色，塑料盆可制成多种形状，其外形美观，轻便耐用，透气性差，保水性好，因排水孔多所以排水性能尚可以。美观、节水、便于运输，特别适用于阳台养花。

塑料花盆一般为圆形、高腰、矮三脚或无脚，底部或侧面留有孔，以利浇灌吸水及排水，也有不留孔作水培或套盆之用，在家庭或展览会上，在底部加一托盘，承接溢出水。此外，还有用塑料花盆种植花卉，吊挂在室内作装饰（图 3-3），或在苗圃用软质塑料盆育苗，易于成活而使用轻便。较大的花盆为了移动方便，常在底部装有轮子。

石盆　常见的有大理石盆，也有采自山野的钟乳石制成。

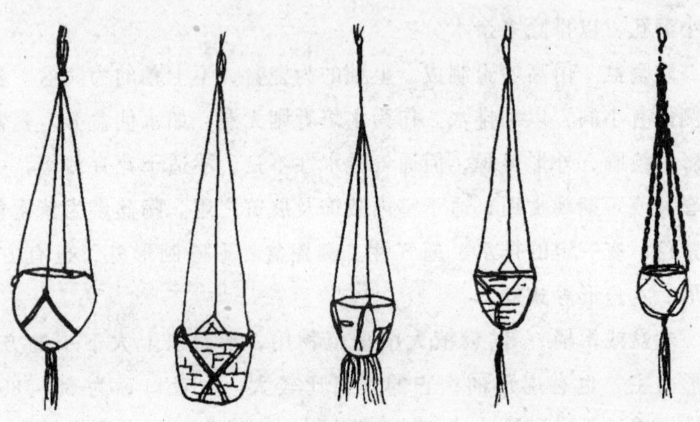

图 3-3　吊挂盆具

玻璃瓶箱　瓶箱大多为玻璃制品，透明度高，容器封闭，有助于保持器内空气湿度和培养土的水分，利于花木生长。还可防止风吹和空气污染，为花卉创造适宜的小气候，使其鲜艳美丽，大的可集花卉于一瓶箱，小的可作小品，常用的造型优美的玻璃瓶箱可有不同形状，亦可用咖啡瓶、酒瓶、广口瓶、鱼缸、蒸发器，这些瓶箱应封闭加盖加塞，根据湿度决定揭盖。

玻璃钢花钵　玻璃钢以合成树酯为黏结剂，以玻璃纤维为增强材料的高分子复合材料。它具有质轻高强，耐腐蚀，可做成仿大理、仿玛瑙、仿汉白玉、仿铜、仿红木等多种色彩。玻钢花钵成为都市街头一道亮丽的风景线，具有广阔的发展前景。

其他如金属盆、不锈钢盆等。

(2) 花盆规格的选择

一般家庭盆栽花盆的口径从 4cm 到 40cm 的规格都有，通常每一次换盆可选择大 3cm 的盆子，但这样下来所需的盆量太多，所以建议以下列的等级来选择换盆的大小（图 3-4）。假如你不希望盆栽太大，当植株长到一定大小后，可以在换盆之前，将根群稍加修剪，并更换部

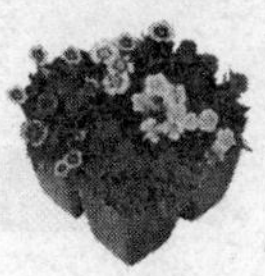

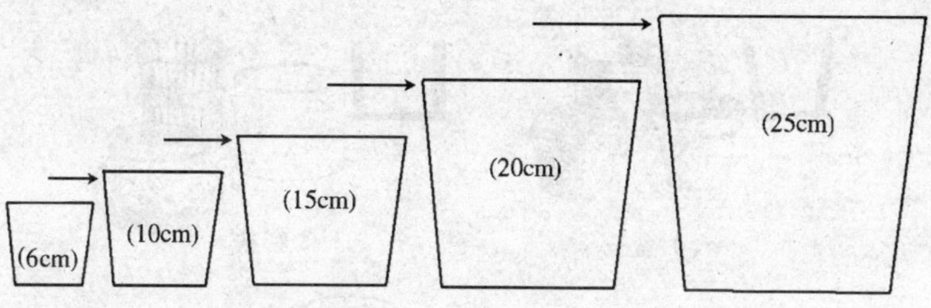

图 3-4　花盆的规格

分介质，而仍使用原来大小的盆子种植，就可维持盆栽的固定大小。

盆栽花卉需要根据花卉的株形，植株幅度的大小，根系的多少，深浅等选用适当的花盆。花盆过大不仅外形显得“头轻脚重”，而且对根的呼吸也不利；花盆太小，不仅显得“头重脚轻”，而且盆土体积太小影响根系发育，对花卉生长不利。

石竹属中作一二年生栽培的种（锦团石竹、须包石竹和石竹梅等）一些矮性种及品种，每盆可栽 5～6 至 7～8 株，选用 15cm 口径的盆钵即可。高杆的种类如大文字石竹，单株栽可选用 15cm 口径的盆钵；双株或三株栽植者，可选用 30cm 口径的盆钵。

香石竹盆栽者，若单株栽植时可采用 15cm 口径的盆钵；若双株盆栽种植可采用 25～30cm 的盆钵。

(3) 居室盆栽花盆的选用

以下是室内植物最常用的三种基本容器类型，可以用来单植或混合种植。这些容器有各种形状及大小，像卵圆形容器可供迷你型大小的植物混合栽植，组合成迷你室内花园（图 3-5）。

套盆因为必须配合盆子的形状，所以在外形及大小上仍受到限制，而植槽则可以直接填充介质、种植植物，不需迁就盆子，所以在外形及大小上便不受此限制。盆子底部有排水孔（图3-6），而植槽与套盆相同，必须是不透水的容器，所以篮子类的植槽必须加有衬里；

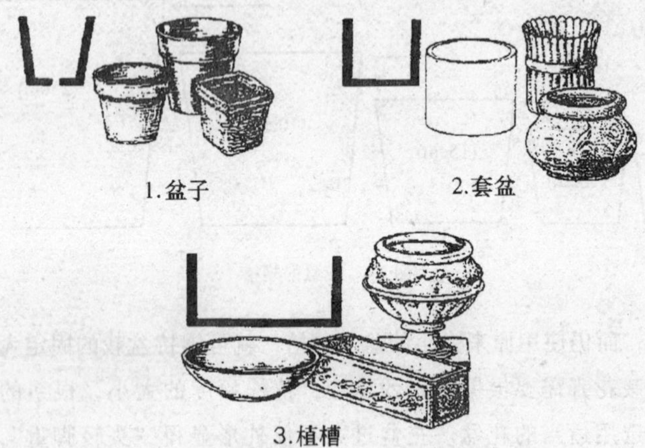

图 3-5　居室盆栽常用的 3 种容器

1. 花盆　此容器底部具有排水孔，可以用来种植单株植物或多株混合种植，但摆在室内时还要准备套盆或集水盘，以避免浇水时，水由排水孔流出而弄脏了家具。

2. 套盆　又称为外盆或盆套，这种容器没有排水孔，底部防水可以蓄积水分；主要是用来套在盆子外面，将盆子隐藏起来并有装饰作用。

3. 植槽　一种底部没有排水孔的不透水容器，可用来种植单一植物或多株植物混合种植，也可将几个盆栽组合在一起。

图 3-6　盆子栽植范例

木制的植槽则须经过防水的蜡油处理。

但用植槽种植无法排水，一旦浇水不慎就容易引起积水现象，一般可以在底部打孔，帮助排水，再于下方放置集水盘即可，但大型的桶状植槽则不适宜钻孔，处理的方式可参考图（图 3-7）。

图 3-7　植槽栽植范例

3.3　盆栽石竹的简易设施

3.3.1　简易苗床的设置

主要用于冬季或早春花卉播种育苗和扦插繁殖。既可利用太阳能，也可用人工简易加温的苗床。一般为南低北高的框式结构。床框一般以砖、水泥、木材、泥土、稻草等制成。在庭院内搭建。北高 60cm～80cm，南高 45cm～65 cm，宽约 1.2m。床盖用木制窗架，嵌以玻璃做成玻璃窗盖。或用塑料薄膜（图 8）。床心填入新鲜马粪作酿热物，再填入沙及肥土即为温床。不放马粪即为冷床。加温也可电热加温，可铺地热线于床心，按一定距离平行绕行铺

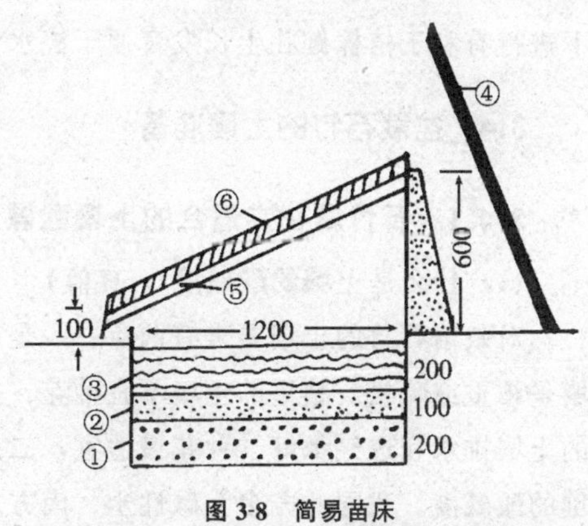

图 3-8　简易苗床

设，并将地热线联接到自动控温设备上，上面填土即成。夜间可加盖蒲席、毡块、草帘子等保温。苗床也可设在温室内或荫棚下，这样可满足早春与生长季需要了（图3-8）。

3.3.2　塑料小棚的设置

在简易苗床上用农用塑料薄膜盖严，实际上就是一个塑料小棚，可供早春提前播种及扦插小苗（生长季）用。因石竹属均属喜阳花卉，除了炎热的夏季可适当遮阴外，无须设置荫棚。如有庭院则可将石竹盆花放在向阳的庭院地面上。

3.3.3　保温窗帘

冬季家里盆栽花卉多放在窗台上或放在有加湿设置的玻璃窗密封的阳台上（北方），以利日光照射。夜间如不挂帘保温，则靠近玻璃的枝叶会遭受冻害，可用两面为牛皮纸，中间夹4～5层报纸缝制成的窗帘，夜间挂在窗子外边，以防寒保温。

3.3.4　盆花场地的设置

如果家庭内有庭院，那就应该留出一块空地来作为盆花放置的场地，因为石竹和香石竹上盆后进行盆花养护，最好让它们能在全日照下进行有利于植株健壮生长发育便于浇水、施肥等日常管理。

3.4　盆栽石竹的土壤准备

3.4.1　石竹属花卉适合的土壤酸碱度

（1）什么是土壤的酸碱度（pH值）

对栽培石竹的土壤要求有两点：一是土壤的物理性质，也就是土壤是粘重或疏松。粘重的土壤不宜种花，排水不良，透气不好；疏松的土壤排水和透气都好，种花最适宜。二是土壤的化学性质，就是土壤的酸碱度。我国北方多为碱性土，南方或北方的高山地区则多为酸性土。测定土壤的酸碱度叫做pH值。pH值等于7为中性，大于7为

碱性土，小于7为酸性土，在化学试剂商店里出售一种pH试纸，桔黄色，把土壤加水后用试纸蘸一下，变蓝则为碱性土，变红则为酸性土，并可从试纸附带的色谱中找出土壤具体酸碱度。

(2) 石竹属花卉适合的土壤酸碱度

中国石竹、须苞石竹、西洋石竹及常夏石竹均喜石灰质土壤，适宜pH为6.5~8，故在酸性土壤将生长不良。而香石竹适宜的pH值为5.6~6.5即喜微酸性土壤。

(3) 几种简便调节土壤酸碱度的方法

①**加大碱性的方法**　如果土壤偏酸进行改良，要加大碱性。加入石灰可使土壤的pH值增加，加大了碱性。另外还可以施草木灰来中和酸度。地栽石竹时，如是酸性土壤，在栽植前须加入石灰或草木灰来调节pH值，以利植株生长。在夏季土壤中仍须加一次石灰。栽培少女石竹和常夏石竹，如土壤偏酸性或中性时，在春季栽植要加一次石灰来调节pH值到大于7为止。夏季土壤仍须加一次石灰。南方酸性土中，每平方米撒石灰30~40g（地栽者）或每平方米加石灰90~120g。

②**加大酸性的方法**　如果土壤偏碱，进行改良，要加大酸性。

• **施硫磺粉**　每$10m^2$加硫磺粉250g，或每平方米基质加硫磺粉89~90g。粘重土壤增加1/3。

• **常施硫酸亚铁**　每$10m^3$加硫酸亚铁1.5kg，对粘重土壤，用量可增加1/3。

• **浇灌矾肥水**　配制方法：水200~250kg（池塘水或雨水最好），油渣或豆饼5~6kg，粪10~15kg，黑矾（结晶硫酸亚铁）2.5~3.0kg，共同放入缸内混合使之发酵，日光下曝晒，经过20余天后，腐熟呈黑色液体时，可取清液兑水稀释后浇花。

• **施用腐熟肥**　腐熟的厩肥、人粪尿等含大量的腐殖酸，可以吸附代换过多的酸碱离子转为中性。

香石竹喜微酸性土壤，适宜pH值为5.6~6.5，可采用以上办法

调节土壤 pH 值以达到此标准为止。

3.4.2 改善土壤的排水通气方法

如果土壤粘重，可掺入粗砂（中砂）或炉渣及其他疏松基质来增加土壤的透气性及排水性。同时加入过筛的腐熟有机肥料，可以增加腐殖质，增加土壤的团粒结构，既可疏松土壤又可提高排水及保水能力。

3.4.3 土壤消毒的基本方法

如果土壤或基质反复种植石竹尤其是反复种植香石竹容易感染同一种病害或虫害，造成幼苗致病，种子、幼苗或插穗霉烂、软腐或染上病毒等。所以它是盆栽花卉成败的关键措施之一。消毒方法有：

(1) 日光消毒

将土壤或配好的基质放在混凝土板、铁板上薄薄平摊，夏天曝晒 3~15 天，可杀死病菌孢子、菌丝、虫卵、成虫和线虫。

(2) 蒸汽消毒

效果最佳。将土壤或基质放入蒸笼上锅，或有蒸汽加温条件者，将其放入消毒柜（或高压锅）通入蒸汽（体积 1~2m^3）在 60~100℃ 下消毒 30~60 分钟。消毒时间不宜太长，以免杀死有益微生物。

(3) 火烧

对保护地苗床播种或盆插、盆栽用少量土壤，可放入铁锅或铁板上加火翻炒 0.5~2 小时。

(4) 化学试剂消毒

化学药剂消毒不如蒸汽消毒彻底，若毒性太大，必须等气味充分散发后再使用，否则对花有毒害。以下药品均可使用。

①**甲醛（福尔马林）**　一般用 40% 的原液配成 2% 的浓度，即稀释 50 倍至 100 倍（即用 50ml 甲醛加水 6~12L），播前 10~12 天喷洒在土壤或基质上，用塑料薄膜覆盖密闭 3~4 天。凉两周后使用。每 m^3 培养土大约用 400~500ml 甲醛。沙砾类消毒可用 50~100 倍甲醛

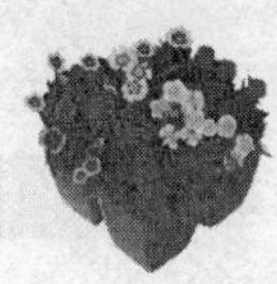

浸泡 2～4 小时，用清水冲洗 2～3 遍即可用。

②**溴甲烷** 如土壤中有线虫病菌可用此法。

将药液喷于土壤上，边喷边堆积每 m^3 用药 100～150g，喷后用塑料薄膜覆盖约 1 周，再晾干，1 周后再使用。

③**氯化苦** 对土壤有杀菌作用，为液体，是良好的熏蒸剂。把土壤铺 30cm 厚，每 m^2 打 25 个深约 15～20cm 的小孔，用玻璃漏斗插入小孔，每孔灌入药液 5ml，每 m^2 用药液 125ml。随即用土将孔堵住，再在土面泼水。然后再在上面铺 1 层 30cm 厚的土，如此反复 2～3 层，上覆盖塑料薄膜，气温保持在 15～20℃，保持 10～15 天，然后将处理过的土壤多次翻耙，使药液充分散失后方可使用。氯化苦对人、畜有剧毒，使用时要戴防毒面具和橡皮手套。

④**多菌灵** 每立方米土壤或基质加 50% 多菌灵 40g，覆盖 2～3 天。

⑤**代森锌** 每立方米土壤或基质加 65% 代森锌 60g，覆盖 2～3 天后揭膜透气。

⑥**百菌清** 每平方米用 45% 百菌清烟剂 1g 熏棚 5 小时。

⑦**五氯硝基苯混合剂** 五氯硝基苯 3 份，代森锌或敌克松 1 份，4～6g/m^2，与细砂混匀施入播种沟，播后用药土覆盖种子。

⑧**锌硫磷** 用于播种苗床，用 50% 锌硫磷 0.1kg 加饵料 10kg 做成毒饵，诱杀地下害虫。

3.4.4 盆栽培养土的配制

盆栽花卉由于根系受花盆容积的限制，盆土量有限，故要求土壤质量较高，因此需人工配制培养土作为盆土。

(1) 培养土应具备的条件

①**必须疏松、排水良好** 土壤疏松，排水良好，才能使土壤内含有足够空气，才能满足土壤中的微生物及花卉根系的呼吸等需要。否则会使植物的根由于缺氧而腐烂或死亡。

②**必须具有丰富的营养** 因盆花生长在花盆内，容积有限，土

少，所以必须具有丰富的营养才能满足花卉的生长需要。

③**土壤的物理性能要好**　疏松不板结，容重要小。而且要保温、保水，土温不能剧升或剧降，水分不能蒸发得太快。

④**化学性能要好**　盆土具有一定的酸碱度来适应不同花卉的需要，一般要求酸碱适中，pH5.5～7.0为宜，否则花卉生长不良。不同花卉所需pH值不同，可以适当地进行pH值的调整。

(2) 配制盆花培养土常用的基质

盆花的基质是盆花栽培的关键之一，它不但决定盆花的存活，还影响盆花生长、开花、结实的好坏。常用传统的基质有田园土、河沙、腐叶土、塘泥、针叶土等。现代用的有泥炭、农用岩棉、椰糠、蛭石、珍珠岩等。配制培养土时，要掺入这些质地轻的疏松材料，其目的是降低土壤的容重，增加土壤的孔隙度，提高土壤的透气性、保水性及保肥的能力。

①**田园土**　果园、菜园及大田的耕作层土，即熟化了的土。

②**河沙**　指中砂，砂粒不应小于0.1mm或大于1mm，平均0.2～0.5mm。用来改良土壤的物理性能，提高透水、透气性，北方地区河砂呈碱性，过筛后需要用自来水或河水清洗。

细砂土是北方花农传统的盆栽花卉用土。砂土排水较好，资源丰富，各地均可找到。但由于较细，与腐殖土、泥炭土相比，透气性和透水性能较差，保水保肥能力甚微，质量又重，不宜单独作为盆栽用土。

③**腐叶土**　即富含容易分解的腐殖质组成的轻松土壤，可分为天然腐叶土（即森林土）和人工堆制的腐叶土。腐叶土由阔叶树的落叶堆积腐熟而成。在海拔较高的山区针叶林带树下落叶长期堆积腐熟而成的又叫针叶土。

腐叶土含大量有机质，疏松、透气和透水性能好，保水保肥能力强，质轻，是优良的传统盆栽用土。适于种多种盆栽花卉。

④**堆肥土**　又称腐殖土，各种植物的残枝落叶，农作物秸秆（应

是幼嫩的、太老的有硬节不好分解)、各种容易腐烂的蔬菜水果等垃圾废物作为原料加上厩肥等，在避风、地势不太低不被雨水冲刷的地方作为堆积地，堆成高1.5m，宽2.5m的，长度则不限，层层堆积(掺入人粪、牛马粪等）堆积方法同腐叶土制造。

⑤**塘泥土（河泥）** 在广东及浙江一带用塘泥土栽种盆花已有悠久的历史，现在仍在大量使用，塘泥是指鱼塘、水塘、河道底部每年沉积在塘底的一层泥土，待塘干涸后将其成块地挖出晒干，使用时将其破碎成直径0.3~1.5cm的颗粒。盆栽时较大颗粒放在盆底部，最小的放在盆面，这种材料遇水不易破碎，排水和透气性比较好，也比较肥沃。适合华南多雨地区作盆栽用土。其缺点是比较重。一般使用2~3年后颗粒粉碎，土质变粘，变得不能透水，需要换新土。

⑥**锯末屑酵素菌发酵土** 锯末来源广泛，其表面粗糙，孔隙度大，重量轻，如雪松的锯末，持水量为32.2%，总孔隙度为80.8%，通气孔隙达42.6%，具有疏松、透气、排水、保水、保肥力强、重量轻等优点，还可分解有机酸，改良碱性土壤等。但锯末碳氮比高，因此配制时一定要加入含氮的肥料。另外松树的锯末含松脂等物质，使用前最好用开水烫2遍后再用清水冲洗，洗掉松脂类有毒物质，方可使用。

近期引进日本与台湾的酵素菌，加上鱼粉、骨粉、豆饼、稀粪、过磷酸钙及木炭，经发酵而成褐色，适于作盆花的基质。亦可以用锯末100kg，尿素10kg，过磷酸钙0.4kg，硫酸钾0.4kg加酵素菌1kg，水200kg，混合均匀堆腐加塑料薄膜覆盖，温度控制在55℃以下，适当翻堆，最后成暗褐色表示腐熟。

⑦**草泥炭** 泥炭是古代低湿湖沼地带的植物被埋藏在地下，在淹水和缺少空气的条件下，分解不完全而形成的特殊有机物，多呈棕黄色或浅褐色，分解好的泥炭呈黑色或深褐色，风干后易粉碎，泥炭质地松软，透水透气及保水性好，含有腐殖酸，pH一般为4.5~6.5。

原生的泥炭成分差异很大，不能直接使用，一些泥炭中过高的

钙、镁、铝离子和过低的 pH，会给花卉带来伤害，须经过加工处理。

东北的泥炭属高位泥炭，它分布在高寒地区，那里原来生长着对养分要求较低的植物，如羊胡子草属以及水藓属植物，这些植物被掩埋后分解不完全，氮的元素较低，显酸性或强酸性，pH 为 5～5.9，持水量很高，通气性好。哈尔滨依兰港育土发展有限公司生产的泥炭，全氮含量为1～2.5%，全磷含量为0.1～0.9%，全钾含量为0.2～0.6%，全钙含量为0.5～1%，还含有锰、锌、铜、硼、钼等微量元素，腐殖质含量高。低位泥炭是由低洼处季节性积水或长年积水的地方生长的需要无机盐养分较多的植物如苔草属、芦苇属和冲积下来的各种植物残枝落叶多年积累形成的，一般分解程度较高，酸度较低，灰分含量较高。低位泥炭常因产地不同而品质有较大差异。北京郊区产的草泥炭土呈中性反应，pH 为 7 左右。

⑧**岩棉**　岩（矿）棉是由一种天然矿石、矿渣等制成的无机纤维类材料，具有优良的保温防火和吸音性能，在工业保温、建筑、防火和吸音及造船等行业得到大量应用。但是工业用岩棉不经处理是不能用在农业上的。国外 20 世纪 50 年代就开始研究，现已广泛应用于农业上。

国内岩棉过去全靠进口，上海新型建筑材料公司在 1994 年已研制成功国际农用岩棉。农用岩棉 75～80kg/m^3，不但孔隙度大，透气性好，吸水力强，化学性能稳定，酸碱度中性，比工业岩棉质优，而且稳定，岩棉中有机物含量极低，不会析出有害元素，岩棉因不带菌、病毒，洁净无毒。目前南京、铜陵、上海的新型建材厂已投入生产。

⑨**珍珠岩、蛭石和炉渣**　珍珠岩、蛭石和炉渣均可作培养土添加物，可改善盆土的物理性能，使土壤更加疏松、透气、保水。

珍珠岩是粉碎的岩浆岩加热至1000℃以上膨胀而形成的。具封闭的多孔性结构，质轻，通气好，无营养成分，在使用中容易浮在混合培养土的表面。

蛭石是硅酸盐材料，在 800～1100℃高温下膨胀形成的。配在培养土

中使用容易破碎变致密，使通气和排水性能变差，最好不用作长期盆栽植物的材料。用作扦插床基质，应选颗粒较大的，使用不能超过1年。

炉渣是煤充分燃烧后的渣，作盆栽基质最好粉碎过筛，去掉1mm以下的粉末和较大的渣块，最好是2~5mm的粒状物，和其他盆栽用土配合用。最好用水清洗后使用可代替河沙。

⑩炭化稻壳 制备炭化稻壳先用少许柴草点燃，然后盖上一层稻壳，令其不见明火，待稻壳点片出现褐色或黑色时，在已烧黑的地方再撒施层薄层稻壳，如此随烧随盖，直至全部烧成黑色，立即扒开稻壳堆，用冷水泼浇，使炭火完全熄灭，防止燃烧成灰，使用时要加以冲洗，并调节酸碱度。此外，还有树皮、椰糠等基质适于作热带及亚热带植物及观叶植物的盆栽基质用，在此不再详细叙述。

(3) 培养土的配制

应该因地制宜地选用当地的材料进行配制。花卉种类不同和生育期的不同对培养土的质地和肥沃程度要求也不同，如播种和弱小的幼苗移植，必须用轻松的土壤，可少加肥分或不加肥分；大苗和具粗大根系植株定植和换盆则要求土质稍致密及较多的肥分。按以下比例配置（体积比）播种（石竹）用的培养土：腐叶土5份、园土3份、河砂2份，再加肥料每m^3平均量为过磷酸钙1.2kg，碳酸钙0.6kg。定植（盆栽）用土：腐叶土4份、园土5份、河砂1份、骨粉0.5份。加肥料，每m^3平均用量为：蹄角粉1.2kg，过磷酸钙1.2kg，硫酸钾0.6kg，碳酸钙0.6kg。

(4) 腐叶土的制造

将阔叶树的落叶，厩肥（牛马粪等）与园土层层堆积起来，堆1层落叶（约厚20~30cm），再铺1层（约厚10~15cm）厩肥，再撒1层骨粉或米糠及石灰，然后铺1层园土（厚约15cm），上撒人粪尿或粪水，照此层层堆积高达1.5~2m左右，中间凹处可倒入水和人粪尿或粪水，堆完后加覆盖物用以保温和防止雨水冲刷。隔数月翻倒1次，

并灌入粪水，1~2年后即可筛取使用。制备完成的腐叶土要放置室内，若放露地，因分解过度，会失去腐殖质的多孔性和弹性，会散失养分。

3.4.5 石竹属花卉适合的土壤

(1) 作一二年生栽培的石竹（中国石竹、美国石竹、西洋石竹、杂交石竹等）喜欢疏松肥沃的含石灰质的沙质壤土，喜肥但又耐瘠簿，所以按一般培养土配制即可。施入基肥时可采用带碱性的肥料。因为从育苗营养钵至上盆后一般不再换盆。

(2) 多年生栽培的常夏石竹、少女石竹应多施些基肥，也喜石灰质的沙质壤土。

(3) 宿根性强的香石竹喜保肥、通气和排水性能好、腐殖质丰富的粘壤土。最好掺有占土壤体积30~40%的粗有机物，也可用泥炭加珍珠岩。香石竹喜微酸性土壤，最适宜的土壤pH值为5.6~6.5。切忌连作。土壤宜保持湿润、忌低洼、水涝。香石竹的根系属于须根系，没有明显的主根和侧根之分，根系分布浅，70%的须根分布在6~20cm的土层中。施肥浓度过高或有机肥未充分腐熟，都会造成香石竹根系受到伤害，这在香石竹生产中时有发生，应当引起注意。香石竹不能连作，否则易患同种病虫害，切花生产上常采用轮作倒茬来换土。盆栽时注意每年换新土。

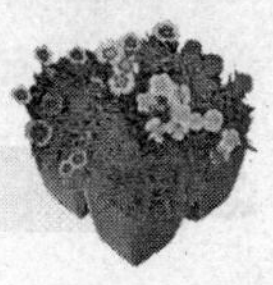

4 石竹属花卉的壮苗繁殖

花卉繁殖是繁衍花卉后代，是保存和丰富种质资源的主要手段，只有将种质资源保存下来，繁殖一定的数量，才能为园林应用提供大量幼苗和开花植株，并为花卉选种、育种提供条件。不同种或品种花卉，各有其不同的繁殖方法和时期。对不同种的花卉适时地应用正确的繁殖方法，不仅可以提高繁殖系数，而且可使幼苗生长健壮。

石竹属花卉有以下几种繁殖方式：

（1）作一二年生栽培的石竹多用播种繁殖。如锦团石竹、美国石竹、石竹梅这几个种多作一二年生栽培，一般春季在冷床或温床播种，经过1~2次分苗后直接种于露天花坛或盆栽，当年开花。作2年生栽培的于秋季在冷床或温床播种幼苗越冬（北方寒冷地区应在大棚内或温室内越冬），第二年定植到花坛或盆栽，春夏开花。石竹也可用扦插繁植。

（2）宿根性石竹如：常夏石竹、少女石竹、瞿麦等，也多用播种繁殖，还可用分株繁殖和扦插繁殖。作为盆栽的石竹、香石竹还可用先进的穴盘播种育苗，培育出的幼苗很强壮。

（3）香石竹多用扦插繁殖，播种法多用于杂交育种。但一些露地栽培和温室栽培品种也用播种法。目前应用的多为杂交一代（F_1）种子。一般在7~9月播种，3~5月开花；若于9~11月播种，则翌年5~6月可以上市。

（4）组织培养法繁殖：近年来，香石竹的病毒病严重危害香石竹的切花生产，目前世界上切花生产均用通过茎尖组织培养而生产的无毒苗。

4.1 石竹属花卉的播种繁殖

4.1.1 什么是播种繁殖

播种繁殖是用种子进行播种繁殖后代。花卉多数为被子植物，在营养生长后期转为生殖生长期，进行花芽分化和花芽发育而开花，经过双受精后，由合子发育成胚；由受精的极核（中央细胞）发育成胚乳；由珠被发育成种皮即通过有性过程而形成种子。因此用种子繁殖称为有性繁殖。

播种繁殖是花卉最常用的繁殖方法，用播种方法获得的幼苗叫实生苗。因此也叫实生繁殖。其优点是种子采收、贮藏、运输、播种等一系列工作比较简便，在短时期内能获得大量的植株，同时播种实生苗具有根系发达、生长势强、寿命长、适应性强等优点。但也有不足之处，由于种子是由亲本雌雄性细胞相结合形成的合子发育而来，因而它们常具有杂合性，尤其是异花授粉植物，幼苗常具有变异性，原有亲本的优良观赏特性多不能保持；其次对多年生花卉来讲，由于受阶段发育的影响，营养生长期较长，开花结实较晚，尤以木本花卉为甚。

4.1.2 播种繁殖的方法和步骤

(1) 常规播种法

①播种前的种子检验

播种前应对种子实行常规的种子检验，其中主要检验的项目是净度、千粒重和发芽率，以便确定正确的播种量。当育苗量大时，这项工作尤显重要，播种应选优良的种子。按照前面所述的优良种子质量标准来进行检验。

②播种前的种子处理

• **水浸法**　石竹种子一般易发芽，若播前进行温烫（40～60℃）浸种1～2天，多可取得出苗快，发芽整齐的效果。

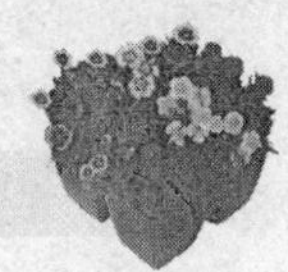

• **种子的消毒** 种子常为病毒和细菌感染，要防止苗期病害，在播种前，需要用消毒剂和保护剂处理种子，以清除种子携带的微生物和保护种子不受土壤真菌和细菌的侵袭。常用药剂有次氯酸钠（漂白粉）、福尔马林、克菌丹等。近年来，病毒病的危害日趋严重，给温室花卉生产带来很大的损失。对有一定病毒感染率的种子（达到20%时）播种前进行种子脱毒处理，或选用无病毒种子，这已成为花卉规模化生产必须重视的问题。同时对播种用土和容器、用具等都要进行消毒处理。

③播种时间

石竹属花卉中作一年生栽培的春播；作二年生栽培的秋播。春季播种当年秋季开花；秋季播种翌年5月开花。一般秋播的植株生长发育为好，一般长江流域可以露地越冬；北京地区在8月下旬至9月上旬播种于阳畦越冬，第二年定植或上盆，但可以利用保护地播种育苗，调整播种期（分期分批播种），保证周年供应或多季供应，或满足节日和其他特殊的需要，除极冷和极热的季节外，随时都可播种石竹。

香石竹一般在7~9月播种，每公顷播种量为102~136.5g，适温为18~20℃，播后约1周发芽，次年3~5月开花；若于9~11月播种，则翌年开花上市。

④播种方法

• **露地床播** 庭院内可用地床播，应选用地势高燥、土壤肥沃、排灌方便的地块进行播种。我国北方地区一般做平畦，宽1.0~1.2m，长6~7m，埂宽25~30cm，高10cm左右；南方降水多，可做高畦，畦面宽80cm左右。施入基肥，翻松、耙平、镇压；充分灌水，待水渗下后，条播或撒播，种子小可以混入过筛细土，以掌握好播种密度。播后覆土，覆土厚度为种子直径的2~3倍，种子小覆土以看不见种子为度。播后用木板轻轻压实，以使土壤和种子紧密结合。畦面可覆草或覆盖塑料薄膜以减少水分的蒸发。播种后到出苗前最好不

再浇水，必要时可用喷灌的方式浇水或用喷壶洒水。幼苗出土即逐步撤去覆盖物。石竹发芽温度为21～22℃，播后5天就可发芽，10天齐苗。苗期生长适温为10～20℃。

• **温室或大棚播种**　北方严寒，石竹幼苗无法在露地越冬，所以春播多在温室中用浅盆盆播或用木箱、塑料箱或育苗穴盘播种。一般选用直径30cm高8～10cm的浅盆或长60cm宽40cm高10cm的塑料箱或木箱播种，通常底部用碎盆片盖住排水孔，填入粗沙粒或炉渣，为盆深的1/3；然后填入筛出的培养土的粗颗粒，厚约1/3，最上层为播种用土，厚约1/3。培养土的比例为腐叶土5、园土3、河沙2，（土均应过筛），因种子小，应混入过筛的细沙或细土。盆土填满后用木板的面压实刮平，使土面距盆沿1cm。可用“盆浸法”将浅盆下部浸入较大的水盆或水池中，使土面位于盆外水面以上。待土壤浸湿后，将盆提出。也可从上面用细喷壶喷水待渗下后播种。箱播者，过多的水分渗出后，即可播种。石竹种子细小，可用撒播法播种。播种不可过密，将混入细沙的种子播入，用细筛筛过的土覆盖，覆土厚度约为种子大小的2～3倍。在盆面上盖上玻璃、报纸等以减少水分的蒸发。多数种子宜在暗处发芽。

（2）播种育苗新技术

图4-1　穴盘育苗器

①花卉的穴盘育苗

穴盘育苗是从国外引进的一种育苗新技术，这种方式采用的苗盘是分格的，播种时1穴1粒，成苗时1室1株。在美国佛罗里达州布斯匹德育苗公司及维

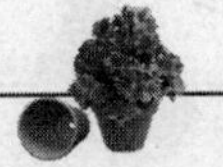

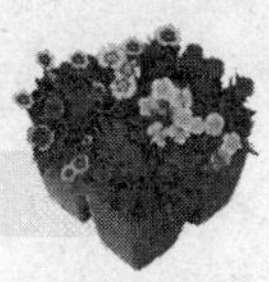

生公司，用普乐格（PLUG）育苗技术，育苗容器用TODD系列聚苯乙烯盘，盘内有许多锥形穴孔，穴孔可大可小，一般70cm×35cm的穴盘，穴底有孔，苗盘有13种规格，适用不同的花卉，育苗的基质主要是泥炭、蛭石，并加入珍珠岩、树皮及保湿剂（图4-1）。

• **种子处理** 培育优质穴盘苗，首先要选籽粒饱满，高生活力，高发芽率和发芽势的种子，并进行种子处理。石竹种子易发芽，用温烫浸种，水凉后1～2天即可播种。

种子处理后进行丸粒化，即将可溶性胶及填充物以及有利种子萌发的物质粘合在种子表面，使种子表面光滑，大小形状一致，粒径变大，重量增加。特别是种子粒径细小，不易播种的四季海棠、矮牵牛、鸡冠花等种子，效果好。石竹种子也可以进行丸粒化。

• **苗盘的选择** 苗盘穴孔有方锥体形与圆锥体形，由于方锥体容积大能提供更多的养分与氧气，故都采用方锥体穴孔。穴盘在播前，必须清洗、消毒。

• **装盘与播种** 穴盘播种有机械和手工两种，机械用精量播种机，数量不大时一般用手工播种。种子播种的基质一般用培养土，基质不要装得太满，用手在上面均匀下压，将种子仔细点人穴盘内，每穴1粒，再轻轻盖上1层细土或沙，与小格相平，播后及时喷水，以穴盘底部有水渗出为度，上覆地膜，保温保湿。

②软容器育苗

容器育苗过去都用泥盆、塑料盆、玻璃制品、纸质品及编织物容器等。北京市园林局的科研人员，用特制的可溶性无纺布做成袋状，将种苗栽在其中，它有明显的成坨作用，软容器与土壤形成断层，植株很易被刨出来，容器牢固坚实，通透性好，水肥气热传导方便，养护简便，根系生长发育良好。

• **应用** 软容器制成小袋，根据播种、扦插需要，填人适当基质，进行播种或扦插。出苗后下地继续养护。在雾插床或小棚扦插床

中植入软容器及基质，扦插生根后下地保护。

· 播后管理　播种箱或播种盆应置于通风和无阳光照射处，应保持湿润。石竹的发芽温度为 21～22℃，幼苗生长的最适温为 10～20℃，只要满足温度条件 4～5 天就发芽，出苗后撤去覆盖物，逐渐移到日光照射充足之处。看土壤干湿情况用细喷壶适当浇水。幼苗期喜冷凉，要防止因高温高湿而导致幼苗徒长，中午最好遮阴，使其逐步适应。在真叶出现后应及时间苗，看情况后施氮肥一次或喷磷酸二氢钾壮苗。当长出 4～5 片真叶时要进行分苗移栽，此时可栽入 7cm 直径的营养钵或牛眼杯中，待植株长大，即可上盆。

③家庭室内盆播法

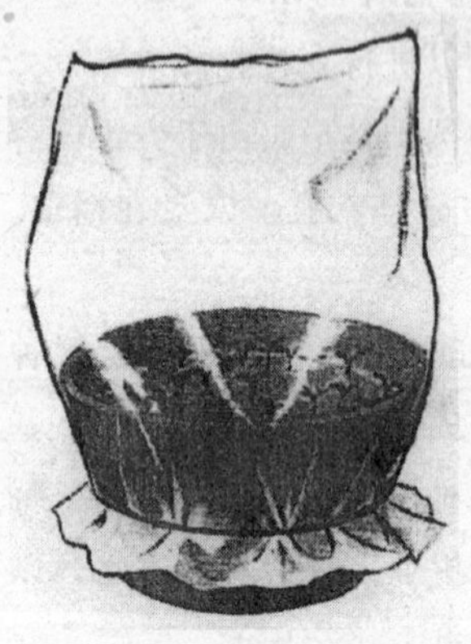

图 4-2　家庭室内盆播法

将盆中填满繁殖用的介质，用指尖或木板轻轻压紧后，徐徐浇水，再于介质上撒薄薄的一层种子，播好种子后，大型种子须再覆上一层介质；若种子细小则不必覆土。取一塑胶袋套在容器上方，袋子的下端开口以橡皮圈绑缚固定（图 4-2）。将播种完成的盆子放置在遮阴处，温度维持在 20～25℃，一旦种子发芽后，立即将盆子移至明亮而无日照的地方，去除塑胶袋，介质表面保持湿润，定期将盆子转向以免苗株偏向生长。等幼苗较健壮后，即个别移出种植于小型盆器，栽植的介质则使用种植用的介质。

(3) 播种繁殖成败要点

播种繁殖的关键是：①种子质量是首要基础；②创造适宜的环境条件（温度，湿度及基质疏松空气流通，无病菌感染等）是必要的条件；③播种的技术和播种时间是保证。

4.2 石竹属花卉的分株繁殖

很多花卉雌雄蕊退化，不能结实；有些花卉，种子不能成熟天气就冷了；有些优良的花卉品种因很容易发生自然杂交，用播种法繁殖时，后代往往变劣，失去原品种的优良特性。有些花卉播种后实生苗需要很长时间才能开花；有些植株发生芽变，在花卉栽培上要利用此种变异就必须采用营养繁殖（无性繁殖），因为营养繁殖的后代比较能保留亲本原来的性状，并能提早开花，故采用营养繁殖。营养繁殖的方法有分株（分球）、扦插、嫁接、压条等方法。

4.2.1 什么是分株繁殖

利用植物丛生或产生根蘖、匍匐茎、根状茎等特点，将一株分割为数株，叫分株繁殖。许多花卉植物在生长发育后，常可形成几丛株冠或簇生状的子株，这类植物很容易应用分株法来繁殖，如吊兰、莎草、竹芋、非洲堇、虎尾兰等属宿根花卉及许多蕨类植物。宿根石竹也可用分株繁殖。

此类植物可在春季或夏初时节，轻敲盆缘后将植株取出，小心地将一丛或几丛分离开（图 4-3）。将分离出来的部分移植到盆中，以繁殖用介质种植。缓缓将介质填入根系周围，并轻轻压实介质，以避免根部与介质间有空隙存在。移植后只能浇少量的水，直到有新的叶片出现后，才可恢复正常的浇水量。分生的新株，因都具有自己的根、茎、叶，分栽后极易成活。缺点是繁殖系

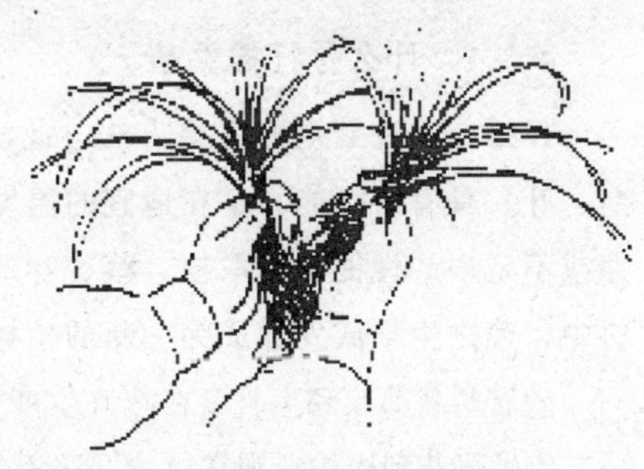

图 4-3 分株繁殖

数低。不能一次获得大量幼苗。

4.2.2 分株繁殖的时间和方法

一般宿根性强的石竹可采用分株繁殖，如：少女石竹，一些植株几年后自然死亡，可在春季分株，促进其更新。常夏石竹也常常于春季进行分株繁殖。方法很简单，将 1 株分为 2 ~ 3 株，主要根椐发生新芽的的多少来分。石竹繁殖主要以播种和扦插为主，分株为辅助繁殖方法少量应用。一般分株的时间以开花时间来定，夏、秋开花的，多以春季分株为宜；春季开花者以秋季地上部进入休眠期为好。

分株前先把母株从盆内脱出，抖掉大部分泥土，找出每个萌蘖根系的延伸方向，并把盘在一起的团根分解开来，尽量少伤根系。然后用刀把分蘖苗和母株连接的根茎部分割开，立即上盆栽植。浇水后先放在荫棚或温室蔽光处养护一段时间，应向叶面和周围喷水来增加湿度，待新芽萌发后再转入正常养护。

4.3 石竹属花卉的扦插繁殖

4.3.1 什么是扦插繁殖

扦插是花卉繁殖的主要方法。此法是利用植物的营养器官（根、茎、叶）具有再生能力，在适宜的温度条件下，能在切口处发生不定芽或不定根的性能，切取根、茎、叶的一部分，插入沙或其他生根材料中，使之生根或发芽成为一新的植株。

随着塑料薄膜和生长素在花卉生产中的广泛应用，到目前为止，从一二年生草花到松柏科观赏植物几乎都能扦插成活。它的优点是繁殖材料充足，产苗量大，成苗快，开花早，并能保持原品种的固有优良特性。对不易产生种子的种类尤可采用。缺点是不能形成主根，寿命比较短。石竹属花卉特别易自然杂交，后代往往变异很大，为了保持该品种特性可采用扦插法繁殖。尤其是香石竹，除了母本用组织培养培育的无毒苗

外，生产用苗多用扦插法从母本上采插穗条子进行嫩枝扦插繁殖。

4.3.2 石竹扦插繁殖的方法与步骤

(1) 中国石竹、须苞石竹和宿根石竹的扦插繁殖

中国石竹和须苞石竹在10月至翌年3月进行扦插，利用茎基萌生的枝条，剪成5～6cm长的小段，插于沙床或露地苗床或扦插箱内沙子上，插后遮阴并保持空气湿度（上面搭塑料小棚）。待生根后再移植，多用于繁殖某一个特殊变种用。少女石竹和常夏石竹扦插繁殖同上。石竹栽培容易，扦插苗成活后可按照播种法上所叙述的定植、栽培管理方法。

(2) 香石竹的扦插繁殖方法与步骤

①露地床插法

香石竹大规模的切花生产皆用组织培养和扦插法繁殖。

• **建立母本圃**　首先要选择优良的单株作为繁殖母株，定植在母本圃中，给予科学管理，培养健壮的插穗，当母株的主侧茎长到5～6节后，结合摘心进行采穗（图4-4）。采穗前1～2天，先将母株喷洒800倍液的百菌清、克菌丹等杀菌剂，防止从母株带病原菌，采穗应在连续有2～3个晴天的傍晚进行，保留下部2～3节。

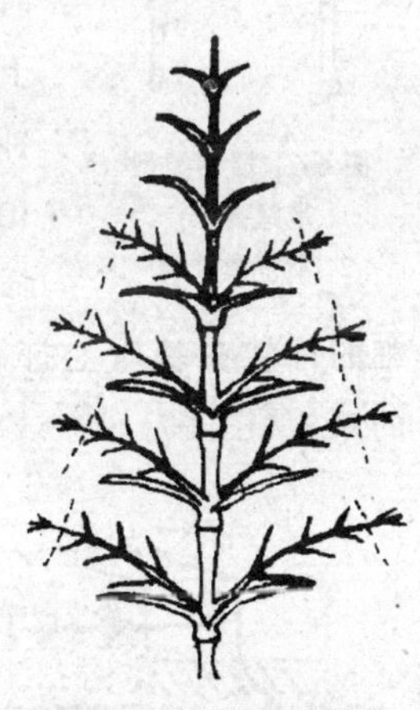

图4-4　采穗母株的修剪

• **扦插步骤**　除炎夏外，其他季节都可进行，但以1～3月效果为好。可以50%泥炭加50%珍珠岩为扦插基质。插床需有增加底温的设施（装有地热线）（图4-5）。插穗应选生长健壮、节间短、无病虫危害的植株中部粗壮侧枝。因中部以下侧枝和中部以上侧枝软弱，不充实，发根后生长不良。每周掰一次壮芽（插穗）作扦插

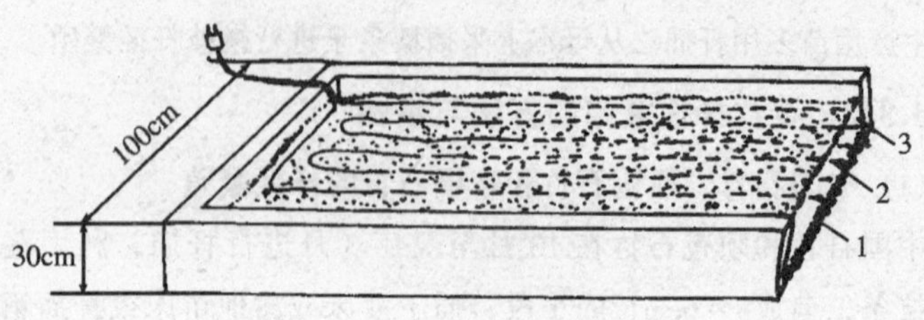

图 4-5　扦插床的设置

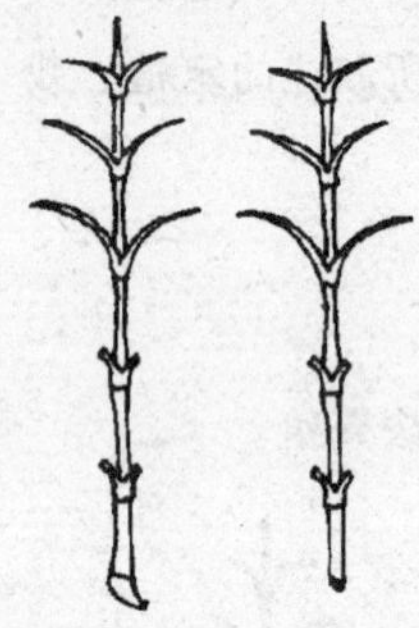

图 4-6　插穗类型
1. 带踵插穗
2. 不带踵插穗

用，同时去除弱芽。掰插穗可分为带踵和不带踵两种（图 4-6）。具体操作是左手握住母株，右手抽侧芽中部弯曲侧芽，侧芽与母株茎对生叶形成直角，使侧芽弯曲而脱下。掰下插穗时略带主干皮层，插穗长 12 ~ 14cm，具4 ~ 5对叶片时和完整的茎尖，扦插前去掉下部叶片，保留上部 2 对叶片；将插穗基部浸于水中 30 ~ 60 分钟，使之吸足水分；为提高成活率，可用 10 ~ 100mg/L 的吲哚丁酸（IBA）处理插穗基部；扦插株行距为 2cm × 2cm，插前先用与插条同等粗细的竹签在基质上打洞，然后将插穗垂直插入，扦插深度为穗长的 1/3（图 4-7）。

图 4-7　香石竹扦插
1. 基质层　2. 粗砂层　3. 砾石层

• **扦插后管理** 插后立即浇水，使插穗下部与土壤密接。插床必须有间歇喷雾的设备（图 4-8）。插床的设施，喷雾量控制在使叶片刚好湿润的程度（通常在阳光充足，天气暖和时，每 5 分钟喷雾 5 秒。阴雨天每 10 分钟喷 3～4 秒就足够了）。若无喷雾设施，则必须在插床上覆盖塑料薄膜，以保持空气湿度。防止叶片水分蒸腾与土壤水分丧失。1 周后可改苇帘遮挡。注意不要遮光太多，以防插穗软弱徒长。在气温 13℃下，地温保持 15℃，20 天可以生根，成活率可达 70%～90%，根长 1cm 时移栽。

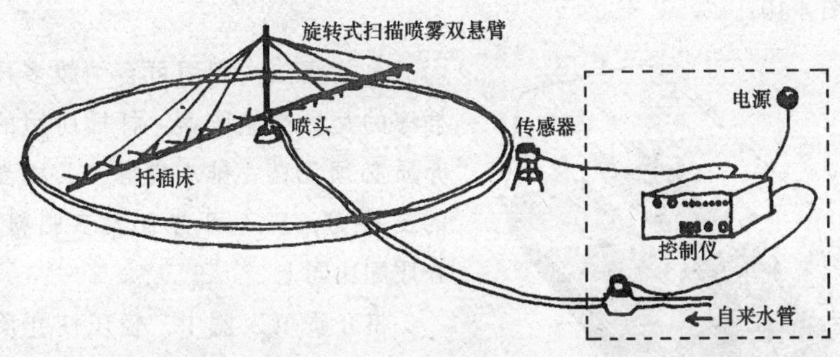

图 4-8 自动喷雾育苗装置示意图

②居室简易扦插法

• **发根袋法** 发根袋是最近发明的方法。袋中填满了繁殖用的混合介质，且以坚韧的塑胶袋密封。发根袋有一般盆栽扦插所没有的优点：所覆盖介质中的水分可停留较长的时间，质地柔软的插穗可凭借塑胶布支持。发根袋的上表面具有 14 个小孔，每个小孔可插入一个插穗；若几小时后插穗即有萎凋现象，

图 4-9 发根袋法

则可将发根袋用一吹胀的大型塑胶袋套住，顶端以绳索绑住，或以半黏性胶带贴住开口处。(图 4-9)

• **繁殖箱法**　若希望繁殖大量的室内植物，那么繁殖箱是十分有用的简单繁殖设备。基本上繁殖箱的结构包括一个坚固可装添介质的底盘和一个透明具有通风口的盖子。通常一个简单而无暖气设备的繁殖箱，即符合一般室内栽植者的需要，若想扦插需 21.1℃以上才会发根的娇贵植物，就要选择附带加热器的繁殖箱了。它具有可加温的结构，可提高介质及空气的温度，并使温度维持在适宜的范围内(图 4-10)。

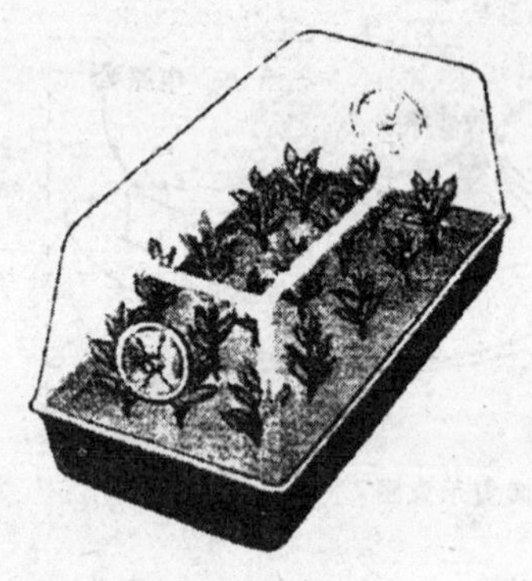

图 4-10　繁殖箱法

• **盆插法**　利用可容纳较多枝插穗的瓦盆或塑胶盆，扦插所用的介质必须无菌、排水良好，具相当的支持力，且不可含有太多肥料，介质配比同上。

将介质填入盆中，轻压使介质表面与盆顶留有 1.3cm 高的空间，并从顶部浇水。插穗靠着盆的周缘插入介质中，注意压实插穗切口四周的介质，不可留有空隙是扦插繁殖的成功要素。

采穗方法及扦插方法同前露地床插。盆插法常有大盆密插和双层钵插床法（图 4-11、4－12）。

插后介质温度维持在 15～20℃，约 15～20 天即可生根插后立即浇水，使插穗下部与基质密接。然后在扦插容器上覆盖塑料薄膜保湿，防止水分蒸发散失。将盆子放置在遮阴或明亮无日照处，室温维持在 18.5℃以上，并随时摘除黄化和腐烂的叶子。1 周后改用草帘遮

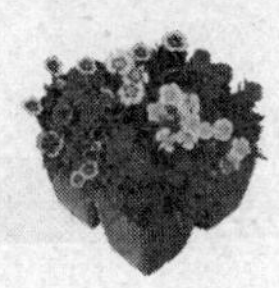

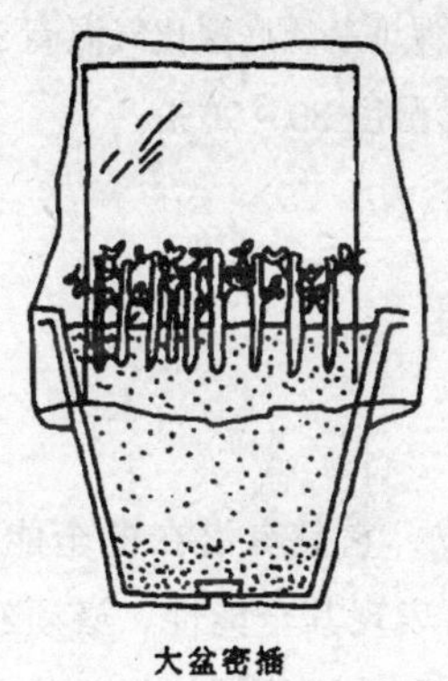

图 4-11　大盆密插

图 4-12　双层钵插床法

挡。但早晚要逐步见光，防止插条软弱徒长。一般 1 周至几周插穗就会出现成功的征兆了，如：插穗的茎顶有新长的叶片，或叶插的叶片基部有小苗株出现。

当插条发根，根长 1cm 时即可将苗株移栽了。移栽的介质为：有机质丰富的粘壤土 6 份，粗腐殖质 3 份，加珍珠岩 2～3 份，加 1% 的移骨粉混合均匀。若基质过干，首先将介质浇湿，再小心挖出每一枝长根的插穗，保护根部四周的介质，勿使四周介质松落。将苗移至 6.5～9cm 盆，以移栽用的介质种植，轻轻地将介质压实，再于根部四周浇水，使介质下沉。种好的扦插苗必须再移回原来的位置约 1～2 周，再迁移至适宜生长的位置。

如移入较大的苗床或箱内应保持株行距为：20cm × 20cm 或 15cm × 15cm。间距因品种及整枝方式不同而异。定植后当植株长到高 15cm 左右，保留 6～7 个侧芽，其余剔除。通常在 6～7 月进行两次整枝即可定型。

4.3.3　扦插繁殖成败的要点

(1) 母本健壮，无病害，插穗条子健壮，质量好。

(2) 扦插环境条件：气温适宜13℃，保证基质底温比气温高3~6℃。

(3) 保证基质湿度50~60%，空气湿度80~90%。

(4) 基质疏松，通气，有利于生根。

4.4 石竹属花卉的组织培养繁殖

4.4.1 什么是组织培养

细胞是构成植物体的最小基本单位，它具有潜在的全能性功能。由一个具有特定结构和功能的细胞，要表现其全能性，必须经过一个脱分化的过程，使其恢复到无特定结构和功能的原初细胞状态，如愈伤组织状态，由之可再分化形成新的生长点——芽和根或胚状体，进而形成新的植株。

当前的组培育苗，更多是采用茎尖或茎段培养，它们已具备生长点——芽，实际上与扦插极其相似，只是利用组织培养的方法为其提供更为适宜的环境，可以人为地供给其对各类营养物质的需要，提供各类外源激素，从而可以更顺利地生成新的植株。严格的茎尖培养，

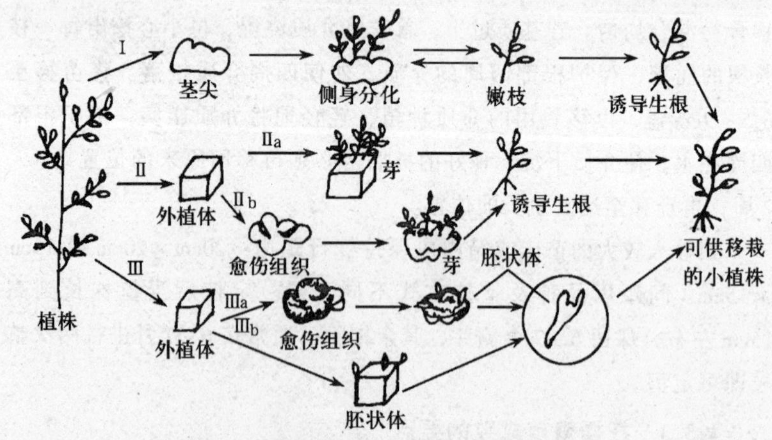

图 4-13 植物离体组织或器官分化成植株的途径

外植体长仅为0.1~0.5mm，除可获得健康的无病毒植株外，还能保持遗传的稳定性，后代少有变异。因此，组织培养在当前现代化花卉生产上应用较为普遍，已成为正常的生产程序之一，常用于香石竹、非洲菊、洋兰、宿根霞草等的商品化繁殖育苗。近年来，香石竹病毒日益严重，用组织培养法培养香石竹的茎尖，可以得到脱毒苗(图4-13)。

4.4.2 组织培养必要的设施和仪器

为了顺利地开展组培育苗工作，要建立一套组培育苗工作的设施，其中包括准备室、接种室、培养室和相应的温室等，建筑面积可根据工作量的大小而定。

• **准备室** 主要功能是贮放配制培养基所必须的化学试剂及仪器设备，如冰箱、烘箱、天平、显微镜、酸度计、高压灭菌锅、玻璃器皿及洗涤设备等，并为配制培养基、分装和灭菌等操作提供便利的条件。

• **接种室** 主要供接种、转移和继代培养用。要求室内光洁，能在无菌条件下进行操作。一般要购置超净工作台，配备用于对外植体进行分割、消毒和接种的工具和器皿等(图4-14)。

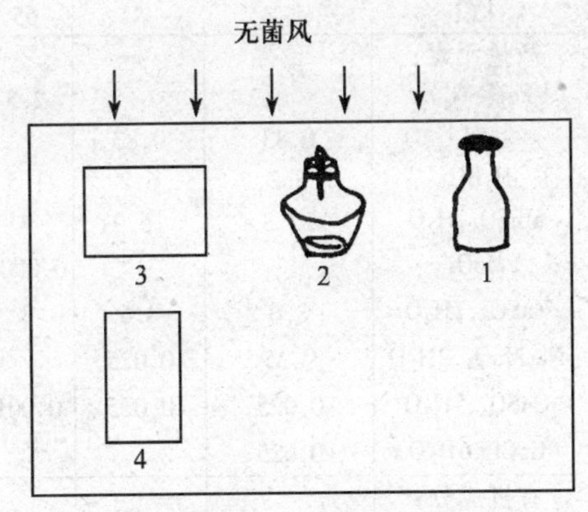

图4-14 超净工作台上用具的放置位置

1. 盛75%酒精的酒精瓶（放解剖刀、镊子等） 2. 酒精灯 3. 无菌纸 4. 切割材料的无菌纸

• **培养室** 主要是为试管植物的生长发育提供适宜的环境条件。要求有控制温度和照明的设备，放置三角瓶和试管的架子，消毒用的紫外灯等。

4.4.3　培养基的制备

(1) 常见培养基的配方（表 4.1）

表 4.1　常见的培养基配方

组成成分	MS *（Murashige 与 Skoog，1969）	改良 MS *（Rangan 等，1969）	改良 White（1963）	H *（Bourgin 和 Nitsch，1967）	B_5（Gamborg 等，1968）	N_6 *（1975）
大量元素						
NH_4NO_3	1650	1650		720		
$(NH_4)_2SO_4$					134	463
KNO_3	1900	1900	80	950	2500	2830
$Ca(NO_3)_2 \cdot 4H_2O$			300			
$CaCl_2 \cdot 2H_2O$	440	440		166	150	166
$MgSO_4 \cdot 7H_2O$	370	370	720	165	250	185
KH_2PO_4	170	170		68		400
Na_2SO_4			200			
$Na_2HPO_4 \cdot H_2O$			16.5		150	
KCl			65			
微量元素：						
$Fe_2(SO_4)_3$			2.5			
KI	0.83	0.83			0.75	0.8
H_3BO_3	6.2	6.2	1.5	10	3	1.6
$MnSO_4.H_2O$	22.3	16.9	7	25		4.4
MoO_3			0.0001			1.5
$ZnSO_4.7H_2O$	8.6	8.6	3	10	2	
$Na_2MoO_4.2H_2O$	0.25	0.025		0.25	0.25	
$CuSO_4.5H_2O$	0.025	0.025	0.001	0.025	0.025	
$CoCl_2.6H_2O$	0.025				0.025	
有机成分：						
甘氨酸	2	2	3	2		2
盐酸硫胺素(B_1)	0.4	0.1	0.1		10	1
盐酸吡哆素(B_6)	0.5	0.5	0.1	0.5	1	0.5
烟酸	0.5	0.5	0.3	0.5	1	0.5
肌醇	100	100	100	100	100	

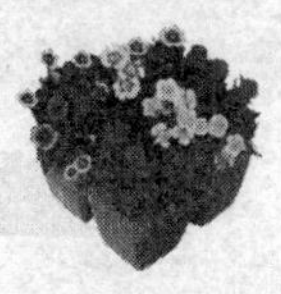

（续）

组成成分	MS *（Murashige 与 Skoog, 1969）	改良 MS *（Rangan 等, 1969）	改良 White（1963）	H *（Bourgin 和 Nitsch, 1967）	B_5（Gamborg 等, 1968）	N_6 *（1975）
叶酸				0.5		
生物素				0.05		
蔗糖	30000	50000	20000	20000	20000	50000
琼脂	10000	10000	10000	8000	10000	10000
pH 值	5.8	5.7	5.6	5.5	5.5	5.8

* 铁盐：7.45gNa_2－EDTA 和 5.57g$FeSO_2 \cdot 7H_20$ 溶于 1L 水中。每配制 1L 培养基取此溶液 5mL。

(2) 培养基的主要成分及配制方法

各种培养基的主要成分为：水（蒸馏水或重蒸水）、无机营养成分、有机营养成分、植物激素、成分比较复杂的天然提取物（如椰子乳、酵母提取物、水解酪蛋白、土豆汁等等）和常用的凝固剂—琼脂。培养基的渗透压通常用蔗糖来调节。一般将它们分为 3 大部分，即大量元素、微量元素和有机成分，可分别将它们按不同培养基的配方配成以 1000mL 为单位的 10～50 倍的母液，用时分别按比例取用，这可使工作简单化。

植物激素为便于取用，可配成浓度为 1mg/mL 的水溶液。多数植物激素不能直接溶于水，IAA（吲哚乙酸）、NAA（萘乙酸）、ZT（玉米素）可先用 95% 的酒精溶解；IBA（吲哚丁酸）可用 50% 酒精溶解；2，4～D（2，4—二氯苯氧乙酸）可用 1mol/L 的 NaOII 溶解；KT（激动素）、BA（6—苄基嘌呤）可用 1mol/L 的 HCL 溶解。然后再加水定容，稀释至所需的浓度。

配制培养基时，为防止浓度高发生沉淀，可先在容量瓶中加适量的蒸馏水，然后将母液、铁盐按顺序、定量加入容量瓶中，再加入必要的附加成分，最后加溶解后的蔗糖；在有刻度的搪瓷缸内将琼脂熔化后，再将配制好的溶液缓缓加入，煮沸、定容，用 1mol/L HCl 和

1mol/L NaOH 调整 pH 值，然后进行分装，100mL 的三角瓶，每瓶可装入 40～45mL，要避免培养基玷污瓶壁；瓶口用棉球、牛皮纸或羊皮纸等包好，用棉线捆缚；放入高压灭菌锅中，在 $1.1kg/cm^2$ 压力下，保持 15 分钟即可达到消毒灭菌的要求，取出冷凉后备用。

4.4.4 香石竹组织培养的方法和步骤

石竹属的优良品种的繁殖育苗和香石竹的无毒苗培育均可用茎尖进行组织培养。作插穗的母株应单独分开在母本区培养以防止病虫害感染。

①**接种** 按常规操作将外植体消毒后，切下 0.2～0.5mm 的茎尖，接种剂附加萘乙酸（NAA）0.2～0.1mg/L 和 6—苄基腺嘌呤（6—BA）0.5～2.0mg/L 的 MS 培养基上，3 天后颜色转绿，3～4 周茎尖伸长，7 周后可形成丛生苗。

②**丛生苗继代** 将丛生苗分割转移到新鲜培养基上，继续培养。

③**生根** 待苗高 2～3cm 时，可转移到 1/2MS 培养基上培养，约 20 天左右可以生根。

④**移栽** 新根长到 0.5～1cm 时可以出瓶移栽。移栽温度控制在 18～20℃，空气湿度保持在 90%以上才能成活。成活的香石竹幼苗，经检测确定无毒后，并保持其原有的优良品质后，可作为母母本。

⑤**母母本区的建立** 母母本在隔离网纱罩下，阳光充足处培养，防止重新感染。扦插繁殖母母本成为母本，其数量为所需苗株的 1/25～1/20，母株可采穗 20～25 个，再从母本上采取大量扦插材料，作为生产用插穗。

⑥**移栽后的管理** 移栽成活的试管苗，10 天左右长至 4～5cm 高时，即可摘心扦插，摘心后用 MS 大量元素配成 10 倍母液，加水稀释至 7 倍，并加腐熟的稀麻饼肥水，经高压灭菌后，施入母本种植圃地，使其生长迅速、苗壮，15 天后又可进行摘心扦插。一株母本可摘心 5～6 次，一直到翌年 5 月份。

摘下的嫩芽，3～4cm 高，扦插在消过毒的基质的间歇喷雾床上，温度保持在 14～25℃，10 天可发根，15 天根长 0.5～1cm，可假植、

移苗，成活率可达到80～90%。生产中一般3年更换一次母本，采用新脱毒组培苗作母本，繁殖插穗，以保证种苗的质量。

4.4.5 须苞石竹组培快速繁殖实例

现列出贾芬、黄芋翔对须苞石竹的组织培养和快速繁殖的方法和步骤，供读者参考。

(1) 材料类别

种子经常规处理，接种到MS琼脂固体培养基上，于25～28℃中培养。待无菌苗长到6～10天时，切取子叶及部分子叶柄和带子叶的茎尖进行培养。

(2) 培养条件

培养基①MS＋BA 0.5mg/L（单位下同）＋2，4－D 0.25＋NAA 0.2；②MS＋BA 1.0＋NAA 0.1；③1/2MS＋NAA 0.2。培养温度25℃，光照1800lx，12小时/天。

(3) 生长与分化情况

愈伤组织的诱导 将无菌苗子叶及其部分子叶柄接种到培养基①中，培养10天左右，子叶柄切口处形成淡黄色疏松的愈伤组织，并进而长成团块状，愈伤组织诱导率可达80%以上。将愈伤组织转入培养基②中，培养3～4周后陆续分化出芽，分化率为20%～25%。

芽的诱导和快速繁殖 接种于培养基②中的茎尖15～20天后，茎尖基部稍有膨大，并陆续分化出许多不定芽。在不定芽形成的同时，从牛芽的基部有少量淡黄色的愈伤组织形成。将形成的芽割下来，再接种到培养茎②中，又分化出许多不定芽。一个茎尖、经35～45天培养，可形成20个左右的芽。

根的诱导 将上述芽接种于培养基③中，约2～3周后能生根，形成完整植株，此时可进行移栽。移栽前先打开瓶口炼苗3～5天，然后移入盛有泥炭土加有少量珍珠岩的塑料筐里，温度保持20～25℃，湿度70%以上，避免阳光直射，成活率达85%以上。

5 盆栽石竹的栽培管理

5.1 盆栽的主要环节

5.1.1 上盆、换盆、翻盆、脱盆、转盆及松盆

(1) 上盆

即将苗床或育苗箱内繁殖的播种苗或扦插苗的幼苗经过分苗移栽到营养钵中培育成即将开花的植株栽植到花盆中以及露地栽培的植株移到花盆中都称为上盆（图 5-1）。具体的做法为：按幼苗的大小选择合适的花盆，用碎盆片盖在花盆底部的排水孔上，然后填一层粗砂或炉渣或培养土筛出的粗粒土作为排水层，再填一层已掺入过筛肥料的培养土，将苗栽植在盆的中央，再填一层培养土至盆沿下 2～3cm 处，以利浇水时可以存水。如果使用的是新烧的泥盆，一定要在用前将新盆泡水"退火"，否则影响花苗的成活。栽后用细喷壶浇水，放在荫处养护几天后逐渐见光。

A

B

C

图 5-1 上盆

A：以左手支撑将植物倒出 B：放入较大盆钵 C：填加新培养土

(2) 换盆

即把盆栽的植株移到另一盆中去。换盆有二种情况：

根系已充满盆内土壤，甚至根系已从排水孔钻出来，这时需要换一大号的花盆。

盆土的时间过长，原盆土养分已缺乏，造成植株生长不良，需要换新的培养土并加肥料，盆的大小可以不变（图 5-2，图 5-3）。石竹花一般由营养钵移入花盆中后（上盆）只栽 2 年可不再换盆。而香石竹是宿根花卉可 1 年换 1 次盆，以便换新土并增加肥料。换盆能使植株生长健壮，

图 5-2　换盆时间

植物生长势受阻，盆底有根伸出，即为换盆期。

左：根伸出盆底。　右：根布满整个盆钵。

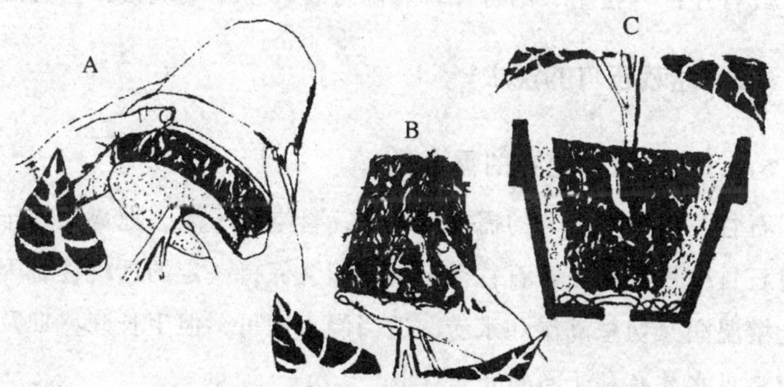

图 5-3　换盆步骤

A：将植物倒出　B：轻轻地除去 1/3 旧土和老根　C：将植物置回盆钵，填加新土

开花前的换盆也称为定植。换盆的时间通常在春季出室前后进行。宿根花卉香石竹在秋季生长将停止前或春季生长开始前进行。

(3) **翻盆**

将原盆土倒出后，将植株老根削掉1/3仅保护心土及大部分根系。一般也是对宿根性强的花卉进行。削根的同时要适当的修建地上部枝条和摘叶。最后仍使用原盆，只换培养土。

(4) **脱盆**

将植株从原盆中完整的取出，不损伤根系和土团称为脱盆。对于提前育苗的直根系不耐移栽花卉，常使用此法栽于露地。

(5) **转盆**

即转动盆花的方向。石竹属花卉是喜光性植物，在朝南向的阳台或窗台上，由于光线多自一方射入，又因植物有趋光性，时间过久会造成植株向一方向偏斜生长，因此应每隔数日将花盆的方向转换一下，使石竹及香石竹盆花的株形匀称，不偏斜。

(6) **松盆**

即给盆土松土。因长期浇水，盆土表面易板结或长青苔，用小铁钩子或竹片进行松土，结合除草和除青苔，使土壤疏松，空气流通。

5.2 盆栽石竹的浇水

5.2.1 石竹属花卉的需水量

石竹属花卉对水分的需求量不高，喜空气干燥，地势高燥排水良好对石竹生长有利。香石竹喜土壤湿润又保持一定的透气性，因此保持土壤湿润又切忌潮湿和水涝，适当浇水即可，但生长旺盛期及盛花期应浇足水才有利于石竹正常生长。

5.2.2 浇水的原则

花卉生长的好坏，在一定程度上决定于浇水的适宜与否。其关键

环节是如何综合自然气象因子、花卉种类、生长发育状况、生长发育阶段、温室的具体环境条件、花盆大小和培养土成分等各项因素，科学地确定浇水次数，浇水时间和浇水量。

(1) 浇水量和浇水次数应因花卉种类和品种不同、生育期不同而不同

石竹类花卉喜高燥，忌潮湿，浇水量不宜太大，浇水次数不宜过多，否则易产生烂根现象。不同种略有不同，如：西洋石竹喜稍湿润。在旺盛生长期及盛花期需水量增大，要适当增加浇水次数和浇水量。而进入休眠期则要控制水分或停止浇水；开花前要适当控制浇水量，盛花期适当增多，结实期又适当减少浇水量。幼苗期，因幼苗小，必须用细孔喷壶喷水或用浸盆法来浸润盆土。

(2) 浇水量和浇水次数因季节不同而不同

春季，天气转暖，花卉可出室摆放阳台或露天时，开窗通风，此时浇水量要比冬季多些，石竹属于草花每隔1~2天需浇1次水。夏季，石竹盆花可放于荫棚下或露天阳光下，天气炎热，水分蒸发量大，应每天早晚各浇水1次。但夏季雨水多，有时连日阴雨，应切忌盆内积水，可将花盆向一侧倾倒，雨后及时扶正，雨季要观察天气情况决定浇水次数和浇水量。或可放在雨棚下。秋季，天气转凉，放置露地庭院的石竹盆花，其浇水量可减少至每2~3天浇水1次。冬季，在室内密闭，要根据室内温度而定。低温（3~10℃）的冷室可4~5天或1周浇1次水；中温（12~24℃）或高温18~25~30℃情况下，可1~2天浇1次水。

(3) 花盆大小及植株大小与盆土的干燥速度有关

盆小植株大者，盆土干燥较快，浇水次数应多些；反之可少些。

5.2.3 浇水的方法

(1) 盆面浇水

用不带喷头的喷壶从盆土表面浇水，浇水的原则是“见干见湿”，

盆土见干才浇水，浇水则就应一次浇透水，要避免多次浇水不足，只浇湿表层盆土，形成“腰截水”，下部根系缺乏水分，影响植株的正常生长（图 5-4）。

(1) 浇下的水很快直接由排水孔流出

起因：介质凝结后体积缩小，而使盆边产生缝隙。

改善方法：将水桶或水盆装水后，盆花放入其中使介质经由排水孔渐渐浸润；盆外的水深约至介质高度即可。

(2) 介质不吸水

起因：介质表面产生结块现象。

改善方法：可用叉子或小铲子将介质表面翻松，然后取一水桶或水盆装水后，将盆花置入其中，使介质经由排水孔渐渐浸润，盆外的水深约至介质高度即可。

图 5-4　盆面浇水易出现的问题

(2) 增加空气湿度

为了增加空气湿度可以向盆面、地面及空中喷水，夏天可降低气温，洗去植株上的灰尘及害虫等，也可避免植株嫩叶焦枯和花朵早谢，保持植株清新。

5.2.4　水温

浇花水要预热，要预先把水贮存在水缸或水池内预热，随用随添，水温和土温的温差愈小，对根的吸收愈有利。自来水预热贮水还可以使氯气散发掉，减少氯离子对花卉根部的危害。

5.2.5 浇水时间

常因季节不同而不同，夏季在早晨或傍晚浇水为宜；冬季在16点钟前后浇水为宜。夏季如盆花在露地阳光下浇水宜在清晨或傍晚土温变凉后进行，千万不能在烈日下用冷水浇花，否则易得根部日灼病。香石竹在苗期要注意栽培基质（盆土）的干湿交替，定期浇水，中耕缓苗后，要进行2~3次“蹲苗”，促使植株根系向土壤下层发展，使根系强壮。

5.2.6 浇水过多或过少的危害

许多新手以每天浇一点水来预防缺水，但冬季来临时却未能减少浇水频率，只要叶片枯萎或黄化，他们就以为这是缺水的征兆。若介质潮湿到饱和程度，是没有任何室内植物能够存活的，实际上是浇水次数过多所致。如盆花浇水过多，土壤孔隙全部被水充满，空气被排除，造成土中缺氧，根系有氧呼吸作用受到抑制，代谢功能降低，导致根系吸水及吸收营养的功能受到影响，根系易腐烂。实验证明：如果土壤中氧气含量低于10%时，花卉根系吸收水分和无机盐功能受阻，进而影响到整个植株的生理生化的功能。土壤中空气不流通，硝化细菌正常活动受到影响，有机物不能得到分解而转化为可被吸收的无机盐，同时嫌气性细菌和微生物大量繁殖，产生有毒物质和

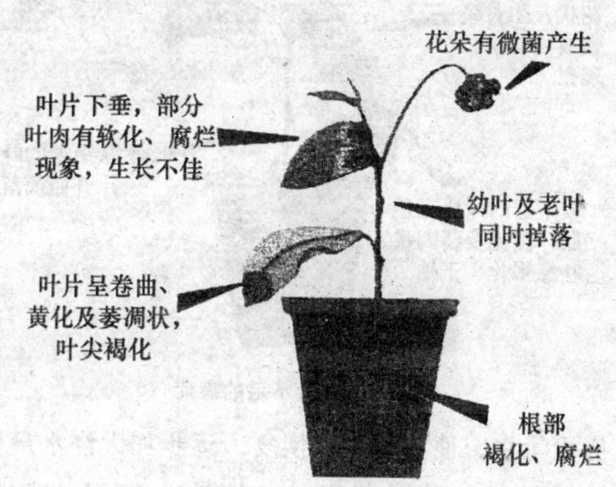

图5-5 水分过多的病症

气体，直接危害根系。植物死于过度浇水的比例高于其他因素，使得关心过度成为杀死植物的真正原因（图 5-5）。

缺水会使石竹花卉植株萎蔫，生长不良，植株长不高，而影响正常开花。叶片和叶柄皱缩，花卉长期处于水分供应不足，叶片萎蔫，下部出现萎蔫甚至枯死（图 5-6）。

5.2.7 石竹和香石竹盆花脱水的挽救办法

图 5-6　水分不足的病症

由于天气干旱，大风或漏浇等原因，使盆土过干，出现植株脱水，叶片萎蔫，新梢下垂等现象（图 5-6），不应立即浇大水，应将盆花放至半荫处，向叶面喷少量水，浇少量水，使茎叶逐渐恢复，逐步加大浇水量。如果立即浇大水，不仅不能复原，反而会使叶片枯黄脱落，甚至整株死亡。因为花卉萎蔫严重时，根毛受到损伤，吸水能力降低，只有新的根毛形成后才能恢复吸水能力。同时因萎蔫使细胞失水，遇水后细胞壁先吸水，原生质后吸水，如果一下子吸水过多，细胞壁吸水迅速膨胀而原生质吸水速度较慢，结果造成质壁分离而使原生质受到损伤，导致植株死亡。

5.2.8 浇水护根与浸灌

(1) 护根

香石竹盆栽时，上盆栽植后浇水时注意不要直接从根蔸浇水，根蔸土过湿易引起茎腐病。高温期更是如此。用手指划一圈浅沟，沟内

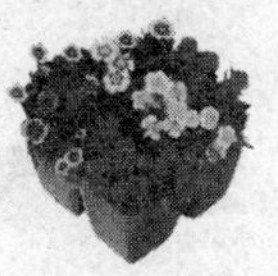

浇入适量水。香石竹定植后即刻往叶上淋水，往往使幼苗倒伏，而从根蔸浇水，易引起茎腐病。而且在幼苗栽植后，要用防治茎腐病的这类真菌病害的药剂淋药。夏天种植后 7～10 天，土不可灌透，只在植株四周浇水，在行间要保持一些干燥的土面，直到植株明显长出新稍时止。这种少量浇水在冬季种植时要持续 30 天以上，要进行 2～3 次“蹲苗”，促使根系向下发展。

(2) 浸灌

盆栽香石竹可采用盆底灌水（即浸灌）（图 5-7）：用比花盆大的盆或缸装水，再将花盆坐在盆水中，水沿盆底慢慢由下而上渗入，直至盆面见湿。新上盆或新播种的均可用此法。

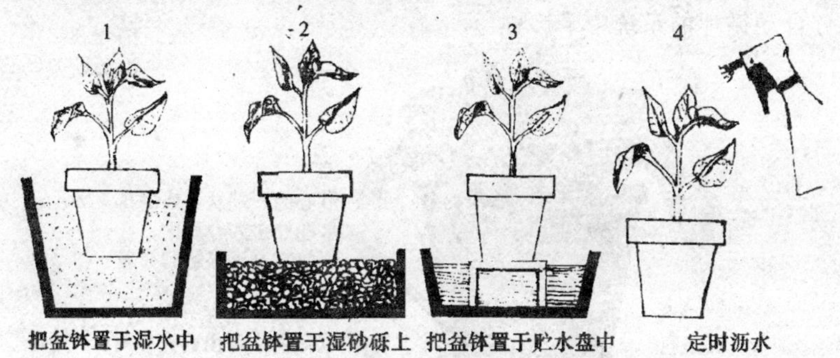

图 5-7 浸盆法

5.2.9 假日外出时的植物管理

若一连几天外出度假或游玩，而必须将家中的植物独自留下时，只要在离开前稍作准备，植物便不至于受到太大影响。

(1) 冬季假期

在冬季期间若能提供植株所需最低温以上的环境温度，将它单独留在家中一两个星期，应该不是什么太大的问题。不可将植物留置在窗台上，并尽可能将盆栽浇湿后，集中放置在房间中央的桌子上。

(2) 夏季假期

夏季期间外出的处理就较麻烦了。此时植物的生长势极为旺盛，水分的需要量比冬季期间更多，若外出度假超过一星期，最好的解决方法是请朋友偶尔到家里照料。若朋友对于植物的管理并不熟悉，还必须确定对方不会过度浇水。

若你的植物保姆无法适当地摘除芽点及花朵，可将盆栽浇湿后，移到阳光可照射到的范围外，亦可再将盆栽外围用湿泥炭土包围起来。但在炎热的仲夏时间，光有以上这些措施还是不够的，必须另行采用一些自动给水的方法，例如将盆栽加衬垫浸于厨房的贮水槽就是极佳的方式。单独的盆栽可放置在具灯心构造的吸润式水盆中(图 5-8)，或将它们套入宽松的塑胶袋里，这样植物就像被封闭在水分自动循环的系统中了。

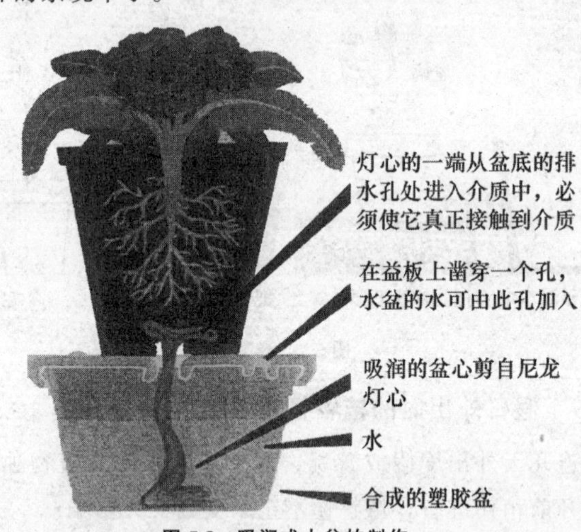

图 5-8　吸润式水盆的制作

5.3　盆栽石竹的施肥

5.3.1　什么是合理施肥

合理施肥是指要科学地确定施肥量，根据不同种类的花卉需对培

养土和正常发育的植株按不同生长发育阶段进行各种营养物质含量的分析和测定，然后，再进行不同水平的施肥实验，从中选出优秀的组合，根据培养土中肥料缺乏的种类，来确定施肥的种类和施肥量。当前主要是根据经验和植株生长情况来确定施肥间隔时间（施肥次数）和施肥量。但目前在家庭养花中尚不能做得这么细，主要凭前人的经验。石竹和香石竹盆栽时也可参照切花施肥。

5.3.2 施肥的原则

(1) 应根据花卉的种类、观赏目的，以及花卉的不同生长发育阶段来掌握施肥种类、施肥量及施肥次数。如石竹属一二年生栽培的种类，需肥性不强，一般在施基肥时即向培养土中加足氮、磷、钾肥即可。如苗期及生长旺盛期需氮肥较多，以促进植株快速成形；花芽分化和孕蕾期则需较多的磷肥和钾肥。观叶类花卉不能缺氮，观茎类花卉不能缺钾，观花和观果类花卉不能缺磷；香石竹以切花为主的，不能缺磷，也不能缺钾；有时还需补充微量的硼；而喜酸性花卉必须供应可给态的铁（浇矾肥水），石竹是喜石灰质土壤的（pH 适应范围为 6.5～8），而香石竹是喜弱酸性土壤的（pH 为 6～6.5），所以也不能缺铁，可在生长期适当浇矾肥水。

(2) 盆花用肥要多种肥料配合，不要单一施用，否则会发生某种元素的缺素症。配合时应考虑到混合后肥效和酸碱度（表 5.3），一些为花卉植物所必须的微量元素也必须酌情施肥。如香石竹除施入磷肥外还应适当酌量施硼、锰、铜、锌等微量元素。

(3) 盆花用肥必须充分腐熟，否则它们会在盆内发酵而发热并放出氨气等有害气体，会污染居室环镜，同时散发臭味招来蝇蛆，不但会伤害根系，而且有碍陈设与卫生。在沤制有机肥料的过程中，要加入杀虫农药，以便提前杀死蝇蛆及地下害虫，以免带入盆内。

(4) 施肥的浓度不能过大，以“薄肥勤施”的原则施肥。基肥及其他腐殖质和土壤的混合比例不要超过 2:8。有机液肥在追肥时，其

浓度不要超过5%；化肥的施用浓度不要超过2%，而根外追肥的浓度不要超过0.2%。过磷酸钙的有效浓度较低，追肥时的浓度可达到1%。花卉追施有机液肥效果比干施好，常常把有机肥如豆饼、油粕等泡在缸内沤制，然后取肥料原液兑水稀释后向盆内浇灌，按不同花卉的需肥情况决定加水的倍数，施用时初次沤制的肥液较浓，要加大兑水量，后来的肥液变淡，应减少兑水量。

(5) 肥料的酸碱度关系到养花的成败，特别是喜酸性花卉，不能施用人粪尿、未腐熟的堆肥、马蹄片、尿素、草木灰等呈碱性反应的肥料，而应施用麻酱渣、硫酸铵、磷酸二氢钾和鸡鸭粪等。石竹喜微碱性土壤，因此可以施上述肥料；香石竹喜偏酸性土壤，不可施上述肥料，故要加以注意。

(6) 施肥应在晴天进行，但不要在中午烈日当头时追肥，应在傍晚进行。为了防止肥料在盆土表面结皮，施肥前应松土，以便肥液下渗。施肥后头几天的浇水量不要太大，以免肥液从盆底排水孔流失。但在追施液肥时，一定要将盆土充分浇透，还要避免将肥液滴在叶片或花朵上，否则会将它们烧伤，而影响观赏价值。一般在施肥后的第二天清晨用细喷壶在叶面上及根部喷1次水，叫“还水”以清洗叶面上及根部残留的肥液。

5.3.3 施肥的方法

在上盆及换盆时常施以基肥，生长期间施以追肥。

(1) 基肥

把已腐熟的厩肥、饼肥、过磷酸钙、骨粉等过筛后在培养土配制时掺入，混合均匀。使这些迟效性肥料缓慢分解养分，在较长时间内提供花卉植物所需的养分。在上盆和换盆时，还可以在盆底或盆四周放一些粪干、发酵过的豆饼、油渣及蹄角片等，可用盆土隔开，切忌与花卉的根部直接接触。

(2) **追肥**

在花卉不同生长发育期分期补充肥料，以补充基肥的不足，称为追肥。追肥常施用速效性肥料。一般用化肥及经过发酵的饼肥兑水稀释后施用。在盆土表面撒化肥因浓度很难掌握，常常会使根系脱水而受害，因此最好追施液肥。充分腐熟的有机液肥浇后臭味散发快，经过松土几天后即可用于陈设。在生长期内根据植株大小每 6～15 天追施一次腐熟的豆饼液肥兑水浇灌，每天浇 1～2 次清水。一般在春末夏初花卉生长迅速，同时进行花芽分化和孕蕾，是追肥的主要时期。夏季伏天和冬季温室养护阶段，多数花卉处于休眠或半休眠状态，应停止追肥，否则容易造成根系发霉腐烂。秋播石竹冬季幼苗越冬时可放在低温温室条件下越冬，不追肥。但温室或大棚中冬季栽培秋冬型香石竹切花时，只要环境条件允许，冬季仍可施追肥。盆栽香石竹也同样可以。

(3) **根外追肥**

一般用无机化肥（尿素、磷酸二氢钾、硼等）和微量元素，或花卉专用肥（叶面宝，稀土复合肥等）稀释到 0.1～0.3% 的浓度，用超微量喷雾器喷到叶片的背面及未开放的幼小花蕾上（但花蕾上不可喷氮肥）可使花卉快速吸收。此法在花卉急需肥时及表现缺素症时喷施效果较显著。可节省肥料，避免流失。喷肥不要在烈日下进行，这时叶片为减少蒸腾气孔大多关闭，肥液不能立即被吸收，以至肥液内水分很快蒸发而失去肥效，或肥液浓度加大而烧伤叶片。根外追肥最好在清晨或傍晚进行。石竹幼苗期可在叶面喷施尿素及磷酸二氢钾壮苗。

施叶面肥：市场出售许多种类的叶面肥，如“叶面宝”“稀土复合肥”等，也有国外进口的叶面肥，根据说明书来选择适合于本种花卉的进行喷施，效果显著。石竹盆花及香石竹盆花苗期可以选用“叶面宝”，花期及幼蕾绿色时也可用，花蕾变色后千万不可施用。

5.3.4 常用肥料的种类

(1) 有机肥料

有机肥料需经过腐熟发酵后方可使用，它们都具有营养丰富，能改善土壤结构和提高土壤肥力状况的作用。常用的有机肥和无机肥的种类，及它们有效成分的含量（详见表5.1和表5.2，肥料混合使用可参考表5.3)。

表5.1 花卉栽培常用有机肥料营养成分表（占鲜重%）

	有机物	氮（N）	磷（P_2O_5）	钾（K_2O）
人粪尿	5 ~ 10	0.5 ~ 0.8	0.2 ~ 0.4	0.2 ~ 0.3
人粪	20	1.0	0.50	0.37
猪圈粪	25.0	0.45	0.19	0.60
马厩肥	25.4	0.58	0.28	0.53
牛栏粪	20.3	0.34	0.16	0.40
羊圈粪	31.8	0.83	0.23	0.67
鸡粪	25.5	1.63	1.54	0.85
鸭粪	26.2	1.10	1.40	0.62
兔粪	–	0.78	0.30	0.41
堆肥	15 ~ 25	0.4 ~ 0.5	0.18 ~ 0.26	0.45 ~ 0.70
沟泥	9.37	0.44	0.49	0.56
草木灰	–	–	2.10	4.99
豆饼	–	7.00	1.32	2.13
芝麻饼	–	5.80	3.00	1.30
花生饼	–	6.32	1.17	1.34
鱼杂肥	69.84	7.36	5.34	0.52
中营养型泥炭	76	1.81	0.39	0.26

注：引自北京农业大学编《肥料手册》

表 5.2 常见化肥养分含量（%）

肥料名称	主要成分	含氮量（N%）	含磷量（P_2O_5%）	含钾量（K_2O%）	酸碱性
氨水	NH_4OH	12~16			碱性
碳酸氢铵	NH_4HCO_3	约 17			弱碱性
硫酸铵	$(NH_4)_2SO_4$	20~21			弱酸性
氯化铵	NH_4Cl	24~25			弱酸性
硝酸铵	NH_4NO_3	33~35			弱酸性
尿素	$CO(NH_4)_2$	44~46			中性
石灰氮	$CaCN_2$	约 20			碱性
过磷酸钙	$Ca(H_2PO_4)_2 \cdot H_2O$		12~18		酸性
重过磷酸钙	$Ca(H_2PO_4)_2 \cdot H_2O$		约 45		弱酸性
钙镁磷肥			12~20		碱性
硫酸钾	K_2SO_4			48~52	中性
氯化钾	KCl			50~60	中性
铵化过磷酸钙	$NH_4H_2PO_4 + CaHPO_4 + (NH_4)_2SO_4$	2~3	14~18		中性
硝酸磷肥	$CaHPO_4 + NH_4H_2PO_4 + NH_4NO_3$	20	20		
磷酸二氢钾	KH_2PO_4		24	27	酸性
硝酸钾	KNO_3	13		46	中性
氮钾复合肥	$(NH_4)_2SO_4 + K_2SO_4$	14		16	中性

注：引自北京农业大学《肥料手册》

表 5.3　几种肥料混合使用参考表

	尿素	碳酸氢铵	硫酸铵	硝酸铵	硝酸盐(Na K Ca)	石灰氮	过磷酸钙	钙镁磷肥	磷矿粉	氯化钾硫酸钾	石灰、草木灰
尿素	○										
碳酸氢铵	△	○									
硫酸铵	△	○	○								
硝酸铵	△	△	△	○							
(Na、K、Ca)											
石灰氮	△	x	x	x	○	○					
过磷酸钙	△	△	△	△	△	x	○				
钙磷镁肥	△	x	x	x	△	○	x	○			
磷矿粉	△	△	△	△	△	△	△	△	○		
氯化钾、硫酸钾	△	△	○	△	△	△	△	△	△	○	
石灰、草木灰	△	x	x	x	△	○	x	○	x	△	○

○可以混合
△随混合随用
x 不可混用

①**饼肥**　为盆栽花卉的重要肥料，常用作追肥。有干施和液施之分。

液肥的制备　饼肥末 1.8L、加水 9L，加过磷酸钙 0.09L，放入缸内盖塑料布，在阳光下晒，2 周后腐熟为原液，施用时按花卉种类加水稀释。喜肥花卉香石竹可原液加水 10 倍施用，石竹可加水 15 倍。高山花卉及兰科植物不喜肥，原液可兑水 200 ~ 300 倍，喜肥中等的野生花卉及木本花卉可将原液兑水 20 ~ 30 倍施用 .

干施　饼肥加水四成发酵后干燥，碾成粉末，施用时埋入盆边四周，经浇水使其缓慢分解不断供应养分。也可混入培养土中作基肥。

②**人粪尿**　粪干为常用肥料，大粪晒干，用石磙碾成粪末施用，

可与培养土混合作基肥。一般小苗宜混 1 成，草花石竹可混入 2 成，木本花卉混入 3 成。也可作追肥，用作液肥易被吸收，即加水 10 倍发酵后取清夜施用。

③**牛粪**　尤其适用于温室内香石竹、月季、热带兰等花卉的栽培。牛粪充分腐熟后可混入培养土中作基肥。牛粪加水 10 倍腐熟后，取其清液浇盆栽石竹、香石竹较好。

④**油渣**　加水 10 倍腐熟后为原液再加水稀释后浇花最好，尤其对木本喜酸性花卉加黑矾（粗制硫酸亚铁）制成矾肥水追肥，效果最好。因香石竹喜微酸性，故也可施用。

⑤**米糠**　含磷较多，应混入堆肥中发酵后施用，不可直接用作基肥，否则尤其是草花幼苗易受害。

⑥**鸡粪**　含水少，含磷多，适合于各类花卉，尤其适于香石竹、菊花及其他切花的栽培。加土 1 ~ 2 成，加水湿润发酵后可作基肥；亦可加水 50 倍作液肥。

⑦**蹄片和羊角片**　为良好的迟效性肥料。加工成薄的碎片，常放入盆底或盆边，一个月后可见肥效。不可与根系直接接触，加水发酵后制成液肥，适于各类盆花。

(2) 无机肥料

成分比较单一，养分含量高，具有速效性等特点。

①**硫酸铵**　可用于盆栽或地栽香石竹、菊花、月季及其他花卉。仅用于促进幼苗生长。$1m^3$ 培养土放 30 ~ 40g 即可，作液肥可兑水 50 ~ 100 倍浇施，生长期少施，尤其切花花卉施多了易降低品质使花葶柔软。

②**过磷酸钙**　常作基肥，用于切花和盆花均可。每 $1m^3$ 培养土加 40 ~ 50g。作追肥时，对水 100 倍施用，但土壤中易被固定。也可根外追肥，施用前需在水中泡 2 个小时再施用。

③**硫酸钾**　香石竹等切花及球根花卉使用较多. 作基肥每 $1m^3$ 培养土可加 15 ~ 20g，作追肥每 $1m^3$ 施 2 ~ 7g。

5.3.5 香石竹施肥特点及施肥量

香石竹较喜肥，尤其是作切花生产的香石竹生长周期较长，故需肥量大，从定植到花朵开放，整个生育期均需充足的肥料供应。施基肥要足，施追肥要淡，即“薄肥勤施”。香石竹经常是营养生长与生殖生长同时进行，从不同时期养分吸收量的变化来看，初期变化较少，每周追肥1次，以后逐渐增多，生长旺盛期8～9月及4～5月每周2次。一般盛夏少施，冬季视生长状况适当酌减。盆栽香石竹冬季如室内条件好（阳台或温室有增温设施的）可以继续施肥。

施肥量按养分吸收量的2倍计算，香石竹养分吸收总趋势是钾、氮、钙、磷、镁，依次递减。温室中每平方米施用的基肥量是：菜籽饼30kg（或豆饼20kg，麻酱渣20kg）、鸡粪60kg、圈肥500kg、过磷酸钙19kg、草木灰50kg（或骨粉10kg）。但盆栽因容积有限可以减半。但肥料必须是充分腐熟的。盆栽香石竹基肥施用量可参考温室切花生产的施肥量。

温室切花香石竹的追肥量：100L水溶液中用化肥量：硝酸钾411g、硝酸钙245g、硝酸铵82g、硫酸镁164g、磷酸82g、硼砂41g。每2～3周追1次。（盆栽香石竹追肥量可参考温室切花的追肥量）。香石竹分期参考施肥量（表5.4）。

科学的施肥应对香石竹叶片定期作营养分析，从而调整追肥中各项元素的比例。如缺乏微量元素时，在植株出现症状时，其生长已受到严重影响。如缺硼，会出现节间短，花茎末端稍微变粗，刺激上部花茎分枝，出现畸形花朵，严重时多数花瓣消失，花朵严重残缺，与受煤气毒害相似。炎热季节很少见到缺硼症状。

冬季室内温度低，夏季高温酷暑又无增温、降温设备的条件下，生长缓慢或几乎停止时，应停止追肥及节制水分。

表 5.4　香石竹的分期参考施肥量（kg/100m²）

肥料名称		7月下旬	8月下旬	9月下旬	10月下旬	11月下旬	12月下旬	1月下旬	2月下旬	3月下旬	4月下旬	5月下旬
		施用时间和用量										
鱼　渣		4	15	20	10	10	10	10	10	10	10	10
油　渣		10	5	10	20	8	8	8	8	8	20	20
可溶性磷肥				2	2				2		2	
硫酸钾		2	2	4	3	3	3	3	2	2	4	4
三元复合肥料					4	4	4	4	4	4	4	4
成分量	N	1.03		2.11		1.54		1.38		1.38		2.04
			1.52		2.20		1.38		1.38		2.04	
	P_2O_5	1.49		2.64		1.96		1.12		1.22		1.36
			2.05		2.60		1.12		1.52		1.76	
	K_2O	1.10		2.10		1.82		1.82		1.32		2.44
			1.05		1.94		1.82		1.30		2.44	

5.3.6　自制肥料

（1）用淘米水沤制可浇花

淘米水中含有米糠，含磷丰富，如加鸡弹壳（残留一些蛋清），平时洗肉及破鱼时的鱼肚肠及鱼血等鱼腥水混杂一起在坛子中发酵撒杀虫剂并加盖防止苍蝇进入。取原液兑水浇花，肥分丰富还含有微量元素，所以浇花很好。淘米水发酵后为微酸性，可以调节盆土的 pH 值，故可作追肥。

（2）家庭自制骨粉

平时家庭中吃饭啃过的骨头，鸡骨、羊骨、排骨、鱼骨等收集起来放在清水中浸泡 3～4 天，冲洗干净，放入高压锅中压煮 30 分钟，去脂肪及表面油腻，晾干后打碎碾成粉末即可。骨粉为迟效性磷肥，

可混入培养土中作基肥。

(3) 西瓜皮沤制肥料

夏季西瓜大量上市，人们吃剩下来的瓜皮，可进行沤制可作养花肥料，为酸性肥料。也可以加入西红柿等捣烂一起沤制，放在缸里加水在太阳下晒一周左右，为烂泥状加水3~5倍发酵后取清液施用。

5.3.7 如何避免沤肥时产生臭味

家庭养花沤制和施用有机肥料时要产生难闻的臭味，而招引苍蝇，污染环境，影响卫生。这是养花者头疼的事。现介绍两种避免或减轻臭味的简便方法。

(1) 废物堆肥

在庭院的一角，挖个土坑，深约70~80cm，坑底垫10cm厚的炉渣或锯末，然后堆放菜叶、禽畜内脏、鱼内脏，鱼腥水、蛋壳等废物，上盖1层园土，园土上再堆上述废物，层层堆积，可反复放3~5层，表面再盖1层10~15cm厚的净土，撒上一些杀虫剂，盖平。经常泼水，泼淘米水等保持湿润，促使肥料腐熟。一般最好在秋季堆制，第二年气温上升后腐熟为无臭味的肥料，挖出捣碎，过筛后备用。

(2) 泡菜坛或其他坛子沤肥

把家庭食品中的废弃物如坏牛奶、豆浆、臭鸡蛋、动物内脏、鱼腥水等倒入坛子内，将坛口盖住，添上水密封起来，并加入杀虫剂，扣上盖子可避免臭味散发出来，1~2个月即可腐熟，施用时加水10~20倍，再在水中加敌百虫等杀虫剂，防止苍蝇蚊子及蛆。施用前去一层表土待浇完臭水后盖上一层土，臭味就少了，浇完肥后盆花先搬到阳台，打开窗户，关上门，经过1~2天臭味散完后再进行陈设。也有资料报道，沤制有机肥时扔入几块橘子皮可除去臭味。橘子皮含大量香精油，同时本身沤烂后也是肥料。

5.3.8 泡制矾肥水的方法

用“矾肥水”浇灌盆花可以解决喜酸性花卉在碱性土壤或碱性水

浇花而产生的缺铁现象。“矾肥水”是由黑矾（硫酸亚铁）与肥料配制而成的。其配制的比例及沤制方法同前中所述。可取其黑色肥液稀释浇花。取用上部清液大半缸，添入清水施用，到肥液稀薄时，再添入黑矾和肥料沤制。

石竹属中的中国石竹、美国石竹、少女石竹和常夏石竹多喜石灰质土壤，可以不施矾肥水。但香石竹喜微酸性土壤，所以盆栽时可浇矾肥水。每年春季开花后开始施用，随天气转暖，逐渐增加次数及用量，到5~6月间，每月可浇4~5次，7月份再增加，到8月份以后逐渐减少次数，9月后停止。如果冬季在温度条件较好的阳光照光足的情况下，仍开花不断（切花生产时）那也可以浇，但在一般情况下，冬季不浇矾肥水。凡浇了矾肥水的香石竹植株，叶色浓绿，生长强健，着花繁多，花头也硕大。

5.3.9 蛋壳和茶叶渣等对花卉有害

日常生活中有人喜把鸡蛋壳扣在花盆里。有人爱用喝剩的茶水浇花，将茶叶渣倒在盆土表面以增加肥分。其实正好适得其反。鸡蛋壳内残存的蛋清流入盆土表面，发酵时会发热，会危害根部，并产生臭味，招引苍蝇吸食盆土表面，易滋生病虫害，影响花卉生长。另一方面，残留茶叶含茶碱、咖啡碱等生物碱，破坏土壤中有机物质分解，同时影响土壤 pH 值，发霉腐烂，覆盖盆面上会影响土壤透气性，直接影响根部的呼吸作用。

如果将鸡蛋壳泡在水中和淘米水一起经过沤制后取其清液追肥效果较好，或将蛋壳焙干捣碎施入盆中可增加石灰质对石竹生长有利。

5.4 盆栽石竹的环境控制

5.4.1 光照

光是影响石竹和香石竹花产量的主要因素。

(1) 光照强度

石竹属花卉中，不论作一二年生栽培的品种还是宿根性强的品种，均为喜光花卉，要求地势高燥、阳光充足和通风透光的环境。盆栽石竹从春天开始搬到露天场地摆放或阳台上摆放均为全光照养护。不怕阳光曝晒，而且由于耐寒，从春季到秋季均可放露地，不需要遮阴。香石竹对光的强度要求是已知植物中最高的一种（适合于香石竹光合作用最低自然光强度约为21.5千lx）。世界上许多地区，光强度最高可达150千lx。年光能的分配，随地区不同而异，以北京地区而言，在产花季节，阳光直射塑料膜下的花朵，花瓣褪色发焦，影响花质量，需要适度的遮阴。尤其是大红色品种，即使在国庆节前后仍需部分遮阴。过度遮阴，光强仅2000～4000lx则会导致生长缓慢，茎秆软弱等致命性缺点。热能是伴随光强度而来，夏季不遮阴不行，但遮阴也只能是轻度的，否则对生长不利。

(2) 光照时间

一般来说，香石竹是一种中日照花卉，实际上它是一种积累性长日照花卉，需要阳光充足，才能生长良好。日照积累的时间越长越能促进花芽分化。用人工补光处理4～7对叶片的植株2～4周，可促成花芽分化，即可获得一批整齐的切花。如白天加长光照到16小时，或晚上10点到凌晨2点，用照光来间断黑夜，或全夜用低光强度光照，随着光照时间与强度的增加，光合作用加强，加速营养生长，促进花芽分化，提早开花期，提高产花量。所以可适当加光，但冬季夜间温度必须维持在10～12℃，才有效果。

5.4.2 温湿度

(1) 石竹属花卉对温湿度的要求

①温度　也是影响石竹和香石竹产量和质量的重要因素。

石竹属中作一二年生栽培的石竹的种及品种耐寒性强，在长江流域及华北地区均可露地越冬或在保护地内（冷室也可以）越冬。但在

耐寒性上须苞石竹比中国石竹差一些。耐干旱，喜高燥、通风凉爽的环境；喜排水良好，忌潮湿，水涝。作一年生栽培时越夏常有死株，说明其不耐高温。

宿根性石竹类喜凉爽及稍湿润的环境，土壤以沙质土为好，排水不良易生白绢病及立枯病。春秋播于露地即可，寒冷地区春秋播于冷床或温床或低温温室即可。如：少女石竹，性喜温暖，耐寒性稍差，幼苗冬季要保护越冬。常夏石竹、瞿麦等，发芽适温 15～20℃，温度过高则萌发受抑制。少女石竹性喜在肥沃及排水好的土壤中生长，排水不良会导致死亡。在冬季寒冷地区常用绿枝覆盖比落叶更好，因落叶密不透气，苗易腐烂。常夏石竹也喜肥沃、微碱性，排水通畅的土壤条件下生长最好。但常夏石竹单株在花后第二季失去活力，必须进行更新栽植。石竹梅的生态习性基本同上 2 种石竹。

香石竹宿根性强，对温度的要求，喜冷凉气候，但不耐寒。除炎热的夏季以外，一年四季均能开花。最适宜的生长温度白天为 20℃左右，夜间 10～15℃；一般冬、春季白天保持在 15～18℃，夜间保持在 10～12℃；夏秋季节白天保持在 18～21℃，夜间保持在 12～15℃。当夏季温度高于 35℃和冬季温度低于 9℃时，香石竹生长缓慢甚至停止。香石竹的生育适温因品种而异，黄色品种在 20～25℃生长最适，10～20℃开花最好；而红色品种则需在 25℃以上的温度。

②**湿度**　喜干燥，通风良好的环境，忌高温，多湿的环境。

(2) 高温对石竹属花卉的影响及防止高温热害的方法

①**高温对石竹的影响**　石竹属花卉，不论作一二年生栽培的中国石竹及锦团石竹、美国石竹、石竹梅还是宿根性较强的高山石竹、西洋石竹、常夏石竹均喜冷凉气候，高温不利于石竹属盆花的生长，作一年生栽培的石竹在越夏时常有死株。因此在炎热的夏季伏天应适当遮阴，露地盆花用单层遮光网即可，以降低温度。常夏石竹、瞿麦，发芽适温为 15～20℃，寒冷地区可于春秋播于冷床或温床，如温度过

高，则萌发受到抑制。二年生栽培的秋播表现较好，到翌年春夏间开花，到炎热夏季伏天来临时，也就该更换了。而春播的夏季表现不好。在阳台上养护的石竹可用窗帘或遮光网来遮去部分光照而降低温度。

②高温对香石竹的影响 高温高湿使香石竹易得茎腐病及烂根。温度和光照两个因素对香石竹质量影响最大。光是影响香石竹花产量的主要因素。科学地控制日夜温度变换模式（表5.5）。

表5.5 科学地控制日夜温度变换模式

	夏	秋	冬	春
白天（℃）	22	19	16	19
夜间（℃）	10－16	13	10－11	13

温度在夏秋冬春之间随光照强弱而调整。白天，光照强时，温度可略高。可通过开窗通风或降温来达到适宜的温度。如白天温度过高，香石竹出现叶窄、花小，分枝不良等现象；夜间温度太高，则会出现茎弱，花小，而花色好的异常反应。昼夜温差应保持在10℃以内，冬季寒冷是香石竹花产量低、质量差的主要原因；夏季高温季节，又是香石竹的逆境。因此夏季降温与冬季保温是香石竹栽培中的两个关键技术环节。夏季中午温度不太高的地方可以往空气中及叶面喷雾降温减少失水或用遮阳纱遮阴，避免阳光灼射，创造人工小气候，但必须加强通风。冬季通风是控制温湿度的另一方面，但大量的冷空气进入室内或温室，引起发育花芽花瓣增加，造成畸形大头花或裂萼现象。香石竹适合于生长在温度缓和变化的环境下，如装上透明塑料管和排气扇相结合，缓慢从排气扇口引入外面的冷空气可防治裂萼和畸形花的形成。

(3) 低温对石竹属花卉的影响

锦团石竹（中国石竹）耐寒性强，华北地区可露地越冬。五彩石竹和石竹梅耐寒性稍差些，露地幼苗稍加覆盖即可越冬，寒冷地区可

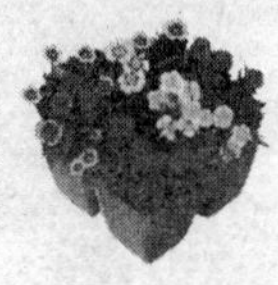

在大棚越冬，家庭可放在冷室内或阳台上越冬。

宿根性强的少女石竹（西洋石竹）和常夏石竹耐寒性也稍差些，在南方也可露地越冬或放在冷室内或阳台上越冬；在北方寒冷地区可春秋播于冷床或温床内或保护地（大棚或温室内）播种育苗。家庭的幼苗或盆花可在封闭的阳台上或室内窗台上越冬。

香石竹喜欢温暖，但不耐寒，冬季需大棚或温室内越冬。冬季型如能保证温度、湿度和光照充足，冬季可生产一季花。家庭盆栽可在室内或有保温设施的阳台上保护越冬。

温度过低对花卉严重伤害可以分为冷害和冻害。

①**冷害**　香石竹最适生长温度白天为20℃左右，夜间10～15℃。白天温度高于25℃，对生长不利，夜间温度如低于10℃，尤其是花期会产生冷害。花期如遇低温，花朵易受冷害，花色变淡或凋萎。生长期当温度下降到10℃以下，使生长及正常生理活动受到影响，根的吸收减弱或停止，而形成生理性干旱，叶片变黄而萎蔫，时间短可恢复，时间稍长会引起植株死亡。春季气温回寒易发生此现象。

②**冻害**　香石竹耐寒性差，当温度降至0℃以下时，植物组织因结冰而受害称为冻害。香石竹不能经受0℃以下低温的冻害即使在南方冬季应在大棚或温室内越冬，家庭盆栽香石竹如能保证光照（有加光设施），保证温、湿度条件下冬季可以开花不断。在北方室内有暖气防寒没问题，在长江流域及无暖气设备的家庭盆栽香石竹只能保温越冬。将阳台封闭起来，加保温窗帘，夜间加以保温，如在盆花上加农用塑料薄膜罩子也可以保温保湿。

(4) 增加盆花立地空气湿度的方法

南方地区因经常下雨空气湿度就大，问题不大。在北方地区冬季气候寒冷需要将盆花移入室内越冬。越冬时间长达数月之久，在此期间居室内要放暖气，生火炉等取暖，室内空气干燥。石竹和香石竹盆花虽喜欢干燥，但过分干燥也不行，往往出现叶片干尖、干边，叶色

枯黄等，为此需增加空气湿度。应采取以下措施：

①盆花放在离火炉较远处，并注意防止被煤烟熏，也不宜将盆花放在离暖气很近处。

②经常往盆花叶面、叶背喷水，喷湿叶面，叶背为宜，也适当往空气中喷雾，用加湿器来增加空气湿度。

③使用塑料薄膜罩是行之有效的方法，既可保湿还可保温。也可以放大玻璃罩罩住盆花上部。

5.4.3 风及气体

(1) 风对石竹栽培的得与失

风是空气的流动，轻微的3~4级以下的风，无论对气体交换、植物生长发育、植物生理活动和开花授粉均有益处。但超过6级以上的风就有害，易造成枝条刮断，冠形乱歪，落花落果严重，引起花卉倒伏。尤其是香石竹，花葶较长，枝条较脆，大风一刮使其折断或倒伏。

(2) 防止风对香石竹花卉危害的方法

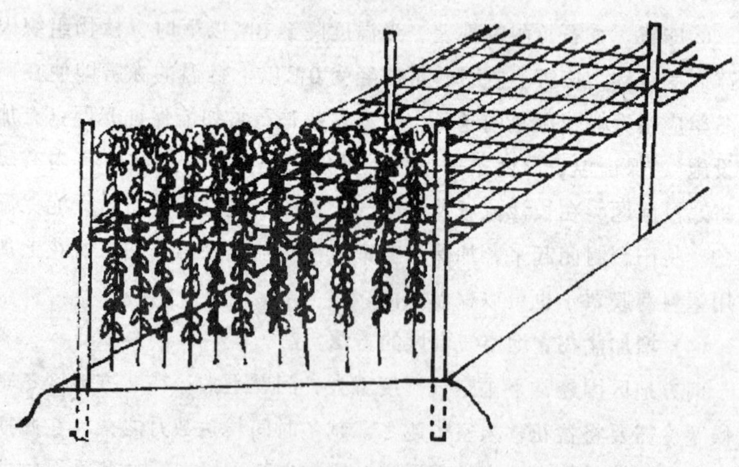

图 5-9 张网

①**张网** 露地栽培香石竹切花，为了防止刮风使幼苗倒伏，而且侧枝开始生长后，整个株丛开始展开，因而要尽早张网，使茎能正常伸直，一般用尼龙绳编织成网格。网格大小与栽植苗的株行距相等，使每一根植株在合适的网格内，植株就不会倒伏。第一层离地面15cm，植株长高，网格逐渐升高，一般可增加到4～5层，层间距约20cm，以保持茎伸直生长（图5-9）。

②**立支柱** 盆栽香石竹可以立支柱，用细竹竿绑扎来防风。

(3) 石竹属花卉抵抗和吸收有害气体的能力强

二氧化碳在空气中的标准含量为330mg/L，如高达0.1%就会对人体有害，含量到0.4%时，人就会呕吐，而到10%时就会死亡。城市中的60%的氧气靠植物释放，40%是靠海洋上吹来，所以植物在吸收二氧化碳，放出氧气中起着至关重要的作用。事实上城市不仅人口耗氧，还有生活燃料及工业用燃料耗氧，因此联合国生物圈与环境组织将城市人均绿地面积增加为60m^2。这直接关系到二氧化碳与氧气的平衡。石竹属植物在室内栽培时进行光合作用也要吸收二氧化碳放出氧气，可以改善居室的空气状况。

工矿城市含有多种有害气体，其中以二氧化硫最多，其标准含量为0.15mg/m^3，空气中如达到10mg/L，就不能工作，400mg/L就致死。据杭州、广州、成都、上海等地调查，许多树木和草本植物都能吸收二氧化硫等有毒气体，植物对有害气体的吸毒及抗性可分为三大类，即抗性等级可分为强、中、弱三类；石竹属于对二氧化硫有害气体抗性和吸收性都强（强等级）的一类。在污染区内不仅生育正常，且在重污染区不表现或少表现受害症状；叶片受害率不超过20%，而且吸毒性极强，含毒量高（在污染区每1公斤干叶可吸收硫的g数的多少）。有害气体氟化氢（HF）虽不如二氧化硫分布广泛，但是毒性大，通过饮水、进食、呼吸进入人体，影响健康。但几乎每种植物都能吸收氟（包括石竹）。城市中有害气体 氮氧化合物（二氧化氮）是

构成酸雨的成分之一。还有汞蒸气、醛、酮、醚、酚及安息香吡啉等致癌物质。许多植物都能吸收。为了改善城市大气环境，采用组建抗逆型人工植物群落来发挥净化大气的作用。在以二氧化硫为主，又有氟化氢、二氧化氮等多种有害气体的钢铁厂，发电厂等污染区的植物群落结构可以采用，由石竹组成的抗有害气体的植物群落如：香樟－紫薇－蚊母－石竹（还有其他群落，因没有石竹，故不再赘述）等。这个群落既能抵抗污染源排放的有毒气体，又能吸收有毒气体。同时石竹还可用来作为对乙烯和对光化学雾的监测植物。

5.5　盆栽石竹的整形修剪技术

5.5.1　整形修剪的定义

整形是按照造形的要求来调整植株的外形，大多通过修剪或设立各种支架来实现的，修剪是对花卉植株局部或某一器官的修整措施。整形、修剪都能实现调节花卉的生长发育。修剪包括以下几种方法：

• **短剪（或短截）**　是避免植株过度伸展，将过长的部分剪除。尽可能只剪去植株顶部的生长芽点。

• **疏剪**　是指剪除枯死叶片、多余的枝条、受伤部分或已凋谢的花朵。

• **摘心**　是指将茎的生长点部分摘除。可直接用手或剪刀来进行。

5.5.2　一般石竹的摘心处理

一般矮性的一二年生的石竹及杂交石竹，只要在分苗移栽和上盆前进行一次摘心即可，自然会形成丛生状，每盆可多栽几株（5～7株）以后无需整形修剪。

宿根性较强的高山石竹较矮（5～10cm）可以不摘心，常夏石竹(30cm 高)，奥尔沃德石竹（高 30～40cm），瞿麦（高 60cm）较高，可在分苗移栽前，及上盆前进行 1～2 次摘心，以促发分枝，进行丛状

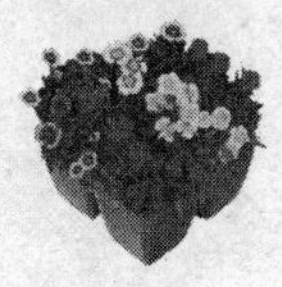

整枝，使盆花成为馒头状。较高的多分枝小花型石竹，如：大文字石竹要进行3次摘心。

5.5.3 香石竹的整形修剪

香石竹切花和盆栽者均要进行整形修剪

(1) 香石竹整形修剪的最佳时机

为了控制花期，保证枝条充实健壮，多开花、开高质量的花，要适时进行摘心和剥除侧芽及侧蕾的操作。

盆栽香石竹当苗高10cm时进行第一次摘心，从第3对叶以上处摘心，通常留2个侧枝，去掉其余的侧芽。过1个月以后再摘心整枝1次，选留4~6个健壮侧枝。其余的侧芽全部仔细剥去。降霜前后将香石竹盆花移进室内。在移进室内前要做好准备工作。如摘除枯黄老叶，剥除多余的侧芽，以利于在室内栽培通风透光，保持整洁，减少病害，如换盆土则要对土壤事先进行消毒，同时施入足够的基肥。

一些非西姆系品种不必摘心，侧芽就能正常发育。

(2) 摘心方法

一般生产中采用以下4种摘心方式，可供盆栽香石竹者参考。不同摘心方法对花产量、质量及开花时间有不同影响。

①**单摘心**　仅摘去原栽植株的茎顶尖，可使4~5个营养枝延长生长、开花，从种植到开花的时间最短（图5-10）。

②**半单摘心**　即主茎单摘心后，侧枝延长到足够长时，每株上只有一半侧枝要摘心，即后期每株上有2~3个侧枝摘心。这种方式使第一次收花数减少，但产花量稳定。避免出现产花的高峰和低峰问题（图5-11）。

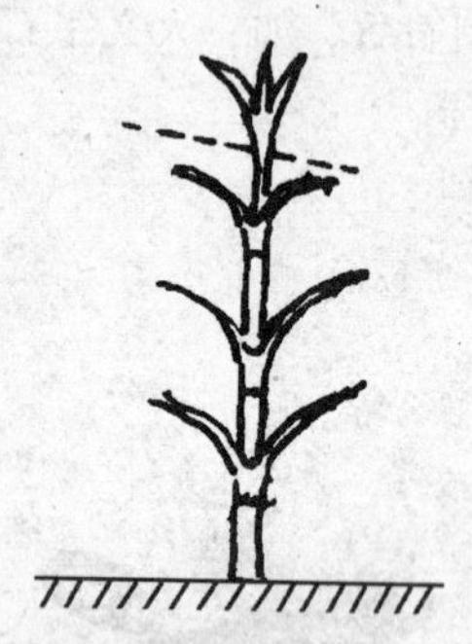
图 5-10 单摘心修剪

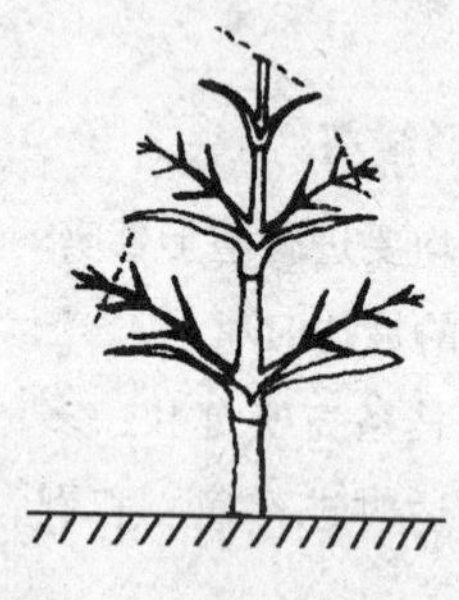
图 5-11 半单摘心修剪

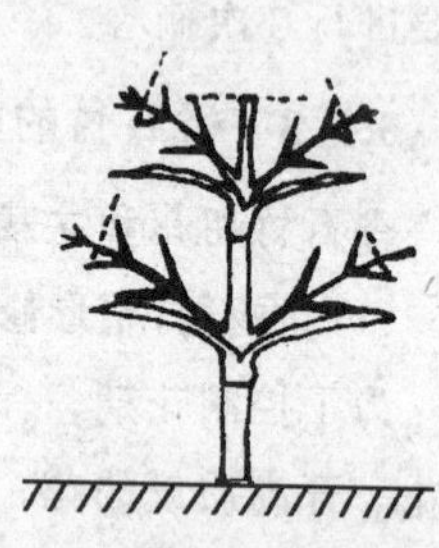
图 5-12 双单摘心修剪

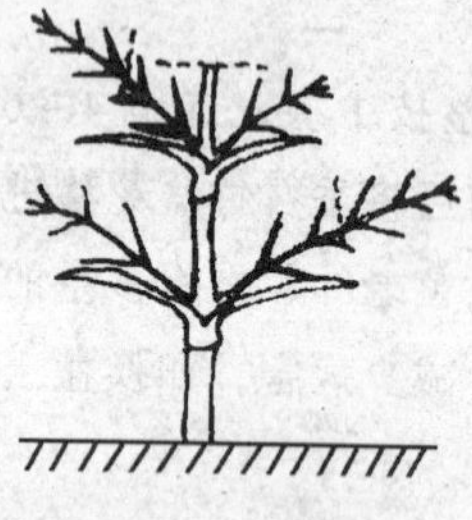
图 5-13 单摘心加打旺梢修剪

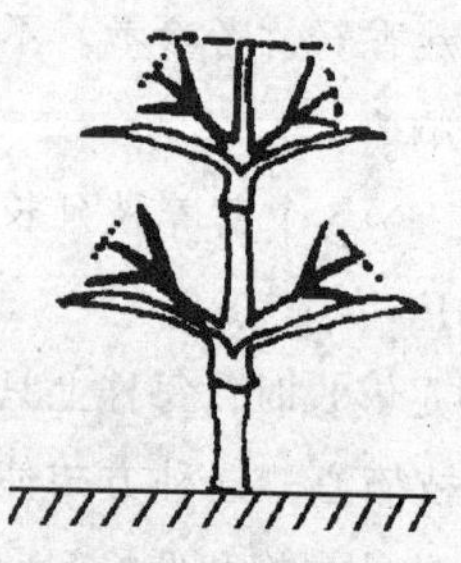
图 5-14 更新修剪

③**双单摘心** 即主茎摘心后，当侧枝生长到足够长时，对全部侧枝（3~4 个）再摘心。双摘心造成同一时间内形成较多数量的花枝（6~8 个），初次收花数量集中，易使下次花的花茎变弱。造合于盆栽多花头观赏（切花中应用较少）(图 5-12)。

④**单摘心打梢** 开始是正常的单摘心，当侧枝长到长于该正常摘心的枝时，进行打梢（即去除较长的枝梢)。在长达 2 个月的时间内，要经常进行枝条的打梢工作。这样减少了大批早茬花。而在一年多的时间内能保持不断有花。此方式象双摘心一样能大大提高产花量。在实践中，只有在高光气候条件下才采用此法（图5-13)。

有些品种只有去除初生茎顶花芽，留下较多的叶片，才能促进侧枝生长（图5-14)。

5.5.4 其他修剪措施

包括疏芽、摘蕾、剪除残花及花萼破裂的防治。

(1) 疏芽和摘蕾

大花栽培品种只留中间一个花蕾，在顶花芽下到基部6节之间的侧芽都应除去，基部侧枝供下茬花用。在顶芽直径约15mm时，其下的第一个芽大到足以用手掰掉时进行。操作方法是：用指尖向下作环形移动而掰除，不可向下劈，否则损伤茎和叶，造成花茎"弯脖"现象。小型多花香石竹则需要去掉顶花芽和中心花芽，使侧花芽均衡发育。疏芽是一项连续性的操作，7～10天就要进行2次。是香石竹的栽培中最费劳力的操作。此外，发现有残花枯叶及时剪去。

(2) 防止裂萼

①裂萼的原因

在生产中的香石竹花萼破裂现象时有发生。从而大大降低商品价值及观赏价值。一般认为裂萼的原因与环境因素有关，也与品种有关。大花系品种比中花系品种发生的多，有时会出现50%以上裂萼，这是由于花瓣迅速生长导致花萼被挤裂。这也是花瓣超过80片以上的大花品种特别容易发生裂萼的原因。一般认为，引起裂萼的环境因素，是与温度和土壤水分有关。在成花阶段即花蕾发育期如遇持续低温或昼夜温差过大（超过8℃）及不均衡的浇灌施肥，（如低温期过量浇水或肥量过大或氮、磷、钾三元素比例不均衡，氮肥过多，尤其磷肥过多时，最易造成裂萼）或光照充足而温度过低。如：在低丁10℃的冷凉温度下形成的花蕾出现超轮花瓣的肥胖花蕾"大头蕾"，这种蕾极易形成裂萼花。冷凉天气中还容易形成花冠不整齐的侧斜花，花蕾不能均衡一致地绽开，致使花瓣向一侧突出。

②防止裂萼的措施

·控制温度和肥水 为了防止裂萼发生，要提高棚内夜间温度（室内温度昼夜不会改变），白天充分换气，适当降低白天温度，使昼

夜温差小；适当控制肥水，避免从过干到急剧变湿。补充日照、防止低温等措施均可防止裂萼。

• **花萼带箍**　生产中采用物理防花萼破裂的办法，即在开花的1~2周内，用6mm宽的塑料带在花蕾的最肥大部位圈箍，套箍时期以花蕾的花瓣尖端已完全露出萼筒时为最合适。在生产中，香石竹有时会发生花头弯曲现象，花头弯曲是由于花芽形成过程中肥料过多，营养过盛，或日照时间短、温度低也会造成花头弯曲。注意10~12月施肥不可过多，栽培温度不可低于15℃。

5.5.5　更新修剪

即对第二年植株的更新修剪。

①**修剪时间**　应不晚于6月下旬。

②**具体做法**　一年苗龄的植株在离土表25cm处截去，剪除前1周停止灌溉，直到修剪过的植株出现新梢生长时，才可以进行灌溉。停止灌溉的时间为3~4周。生产中2年苗龄的植株就很少修剪而要换茬。若需修剪应在距土表45cm处剪去，及时清除剪下的植株残体，保持环境的清洁。

5.6　盆栽石竹的病虫害防治

5.6.1　石竹属花卉的病害

(1) 石竹、常夏石竹的病害及其防治方法

①**中国石竹褐斑病（图5-15）**

症状　危害叶片、茎和花梗。叶片染病后，生近圆形或长圆形小斑，中间灰白色，边缘具1圈褐色环，略隆起，外缘具浅绿色水渍状晕圈，大小0.2~0.5mm。病斑可相互融合，叶片干枯。茎部染病产生梭形长条斑。花梗染病花提早萎凋。湿度大时，病斑上产生黑色霉层，即病原菌分生孢子梗和分生孢子。

图 5-15 中国石竹褐斑病

病原 芽枝霉，属半知菌类真菌。

传播途径和发病条件 病菌以菌丝体和分生孢子在病残体上越冬。翌年 7 月开始发病，8～9 月易流行，栽植过密发病重。

防治方法 （1）合理密植，注意通风透光。（2）秋末冬初认真清除病残体，集中烧毁，以减少菌源。（3）发病初期喷洒 50% 苯菌灵可湿性粉剂 1000 倍液或 50% 多霉灵可湿性粉剂 1000 倍液。

②常夏石竹白绢病（图 5-16 和图 5-17）

症状 植株染病后，整株倒伏死亡。初近地面的茎基部变褐腐烂，切开病茎可见变色腐烂从外向内扩展，致木质部也变色，发病后期，病部及各根上出现羽状生长的白色菌丝，菌丝常蔓延至植株四周土壤，后期，病部及土表产生油菜籽状大小的菌核。多发生在 7～8 月。

病原 齐整小核菌，属半知菌类真菌。有性态称罗耳阿太菌，属担子菌门真菌。除为害常夏石竹外，还危害香石竹、金鱼草、矢车菊、瓜叶菊、君子兰、郁金香、百合等。

传播途径和发病条件 以菌丝体及菌核随植物病残体在土壤中越

冬，菌核可在土中存活 3～4 年，翌年条件适宜时，菌核萌发产生菌丝侵染常夏石竹，该病多发生在高温、高湿季节，湿度大，排水不良，株丛过密发病重。

图 5-16 常夏石竹白绢病

图 5-17 常夏石竹白绢病根上的白色羽状菌索

防治方法 (1) 注意不要与易染白绢病的前茬连作，施用充分腐熟有机肥。(2) 发现病株及时拔除。(3) 必要时施用 40% 五氯硝基苯 10g/m^2 处理土壤和病穴。(4) 精心养护，栽植不可过密。

(2) 香石竹病害

香石竹的病害可分为真菌性病害、细菌性病害和病毒病。

①香石竹（康乃馨）立枯病（图 5-18）

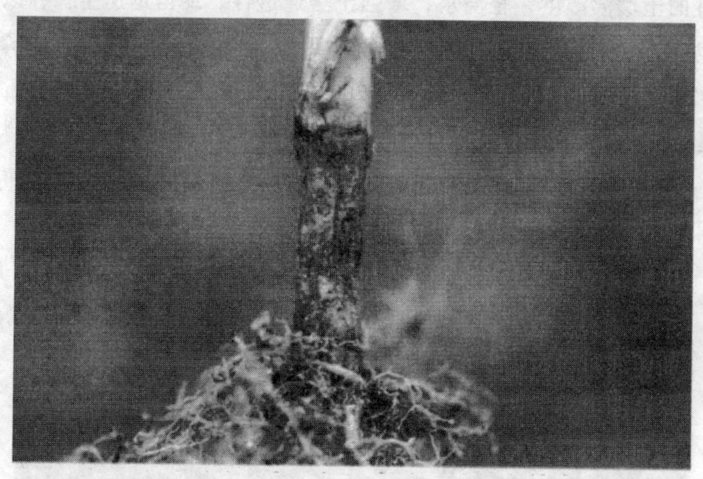

图 5-18　香石竹立枯病

症状　又称茎腐病、基腐病。初在近地面的茎基部生暗褐色椭圆形或不规则形水渍状病斑，后变黑产生粘滑性湿腐或软腐，叶片逐渐变成灰白色；当病部形成环状腐烂时，全株突然萎蔫，引起扦插苗大批死亡。湿度大时，病部或根颈处土表出现蛛丝状菌丝或褐色小菌核。

病原　瓜亡革菌，属担子菌门真菌。无性态称为立枯丝核菌，属半知菌类真菌。

传播途径和发病条件　病菌主要以菌核或菌丝体随病残体在土壤中越冬，且可在土中腐生 2~3 年，病菌通过水流、农具传播后直接侵

入寄主。播种或栽植过深、温度较高。土壤过湿易诱发本病，露地栽培时也易发病。尤其在温暖多雨季节连作地发病重。

防治方法　①苗床或育苗盆消毒。用20%甲基立枯磷乳油1200倍液或95%绿亨1号精品3000倍液，喷在过好筛的50~60kg基质中，喷后拌匀，用塑料膜覆盖2~3天后把基质填回苗床，浇水后扦插或播种。②扦插深度以10mm为宜，扦插介质应通透性好，扦插后保持适宜的土壤温湿度，轻浇水，增强土壤通透性，促苗迅速生长，以减轻发病。③采用避雨栽培法。④发病后及时喷淋20%甲基立枯磷乳油1200倍液或95%绿亨1号精品3000倍液，或在发病期用40%五氯硝基苯粉剂500g兑水400L淋溶于土壤中。⑤扦插或移栽前将 *T fichoderma viride* 或 *T. harzianum* 木霉菌营养液倒入圃地土壤中，可有效抑制该病发生。

②**香石竹灰霉病**（图5-19）

图5-19　香石竹灰霉病

症状　主要为害花器、枝条和叶片。花蕾和花瓣染病初在边缘产

生水渍状褐斑，后花瓣腐烂粘附在一起，湿度大时，病部布满灰色霉层，干燥时花瓣变褐干枯。如切花带菌，贮运中仍可继续扩展。叶片染病多在叶尖或叶缘处出现褐色水渍状斑，呈“v”字形向内扩展，湿度高时也生灰霉。枝条可出现水渍状小点，后扩展为长条形斑，出现茎腐，病部以上枝叶枯死。

病原 富克尔核盘菌，属子囊菌门真菌。无性态称为灰葡萄孢，属半知菌类真菌。

传播途径和发病条件 病菌以菌丝体或菌核及分生孢子在病部或病残体上越冬。翌春发病条件出现时，菌核萌发直接产生分生孢子，借气流或风雨传播进行初侵染和再侵染。气温20℃左右，相对湿度高于93%且持续时间较长，花芽及花器很易染病。春季连续阴天或阴雨，棚室内湿度高，放风力度不够，湿气滞留易发病或流行成灾。此外贮运过程中，如湿度大，也易发生。

防治方法 ①采用高畦地膜覆盖栽培法和用滴灌或膜下暗灌节水灌溉技术，浇水后适当提高棚温，降低湿度（切花栽培）。②采用配方施肥技术，增施磷钾肥。不要从植株顶部浇水，改在植株基部进行。③春秋两季昼夜温差较大，当外界气温上升到20℃左右时，应及时进行通风，使相对湿度低于93%。④及时地把病花、病枝剪下放在塑料袋中携出田外，集中烧毁。⑤露地香石竹发病后，可及时喷洒50%扑海因可湿性粉剂1000倍液或50%速克灵可湿性粉剂1200倍液、65%甲霉灵可湿性粉剂1000倍液、28%灰霉克可湿性粉剂500～800倍液，如有抗药性可改用40%嘧霉胺悬浮剂1200倍液，具有保护和治疗双重作用。⑥棚室香石竹发病时，可采用粉尘法和烟雾法。粉尘法首选6.5%甲霉灵粉尘剂，每667m^2用药1kg，于傍晚喷粉。烟雾法用10%速克灵烟剂，每667m^2·次200～250g，傍晚关闭门窗后点燃熏一夜，翌晨放风，连续或与其他方法交替使用2～3次。

③香石竹叶枯病（图 5-20）

图 5-20

症状 又称香石竹黑斑病、枝枯病。是一种世界性病害，常造成严重损失。主要为害叶部，多从下部叶片开始发病，尤其老叶更易发病。初在叶上出现浅绿色水渍状小点，不易发现，但对光检查可以看到。扩展后，出现褐色圆形至椭圆形或半圆形斑，大小 4～5mm，中央变为灰白色，有的品种边缘有紫色环纹。湿度适宜时斑面上产生粉状黑色霉层，干燥条件下，病部扭曲，病情进一步扩展常造成整个叶片枯萎下垂，但不脱落。从发病到整叶干枯约需 10～40 天。茎染病病斑多从分枝处及采摘产生的伤口处发生灰褐色不规则形条斑，上生黑色霉点，当病斑绕茎一周时，病部以上枝叶枯死。花梗染病造成花蕾枯死。花蕾染病与叶片近似，产生浅褐色至深褐色病斑，上生黑色小霉点，花不开放或畸形花，产生裂苞。该病病部两面均产生黑色霉层，即病原菌分生孢子梗和分生孢子。

病原 石竹链格孢，属半知菌类真菌（图 5-21）。

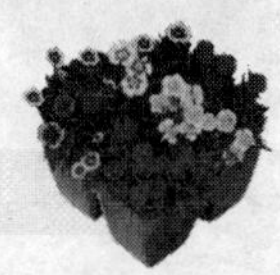

传播途径和发病条件 病菌主要以菌丝体和分生孢子在病残组织中越冬，病插条和土中的病残体是主要侵染源，也可以分生孢子越冬。孢子距地面 1m 左右的高度面上分布最多，主要通过气流和雨水传播，由伤口或气孔侵入，潜育期 5～7 天。露地栽培 4 月下旬至初冬发病，温室则全年发病。雨水多时、湿度大易发病。品种间抗病性差异明显，大花、宽叶、植株柔软、气孔数量多的品种常比花小、叶细尖、植株硬挺、气孔少的品种发病重。生产上用的品种中 Sim（白花）、Sole（橘黄花）、Sofori（大红花）等较抗病。连作或露地栽培的比非连作、温室种植的发病多。

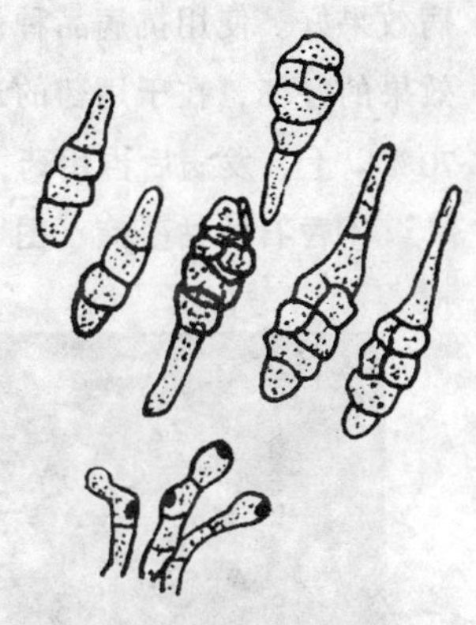

图 5-21 香石竹叶枯病菌分生孢子梗和分生孢子

防治方法 ①选用抗病的品种。②实行两年轮作。该菌不能存活到第二年冬天，两年轮作即有效。③精心养护。清除病残体，集中烧毁或深埋，适当浇水，移植后浇 1 次透水，以后床面干裂时再浇 1 次透水。采用避雨栽培法。大暴雨后，要及时排水，严防湿气滞留。④冬季施足基肥，提倡施用酵素菌沤制的堆肥或采用配方施肥技术，适当增施磷钾肥，促进植株旺盛生长，提高抗病力。⑤药剂防治。露地栽培者可喷洒 40% 百菌清悬浮剂 500 倍液或 50% 扑海因可湿性粉剂 1000 倍液、80% 喷克可湿性粉剂 600 倍液、70% 代森锰锌可湿性粉剂 500 倍液。叶枯病、疫病混发时可用 64% 杀毒矾可湿性粉剂 500 倍液，隔 10 天左右 1 次，连续防治 3～4 次。棚室栽培的，可以采用粉尘法和烟雾法。粉尘法傍晚关闭门窗后，喷撒 5% 百菌清粉尘剂，每 $667m^2$ 用药 1kg。烟雾法于傍晚点燃 45% 安全型百菌清烟雾剂，每 $667m^2$·次 200～250g，隔7～9天 1 次，视病情连续或交替轮换使用，防

病效果好。使用抗病品种，注意改善通风透光条件、降低湿度。用药效果的好坏，在于用药的迟早，凡是在发病前开始用药的，防效可达70%以上，发病后再用药，效果较差。

④**香石竹枯萎病**（图 5-22）

图 5-22　香石竹枯萎病

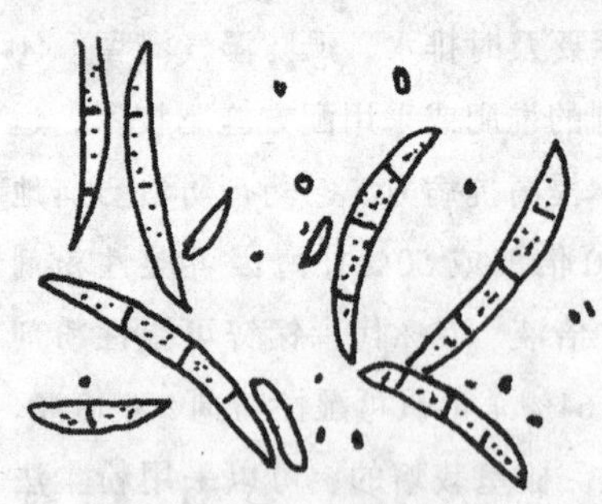

图 5-23　香石竹枯萎病菌大型分生孢子和小型分生孢子

症状　初发病时下部的一侧叶片轻微失绿，新枝发育迟缓，嫩枝向一侧歪扭或卷曲，后失绿叶片继续增多，逐渐变黄，茎变软，易折倒；严重时全株失绿、萎蔫乃至枯死。剖开病茎可见维管束组织变褐或在维管束中现淡褐色细斑点，有的延伸到根部。

病原　尖镰孢菌石竹专化型，属半知菌类真菌。菌丝白

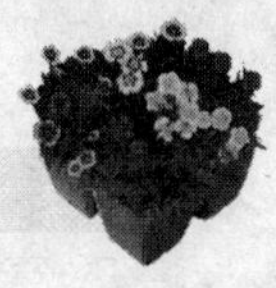

色，菌落中央浅桃红色，分生孢子。卵形至圆柱形，多数直，少数略弯曲，(图 5-23)

传播途径和发病条件 病菌在病株上或随病残体大型分生孢子和小型分生孢子在土壤中越冬，田间带病的插条及分根苗也是该病重要初侵染源，同时也是远距离传播的载体。无病株栽植在带菌土壤中也可引起发病。病菌可在扦插时由伤口侵入或从根部直接侵入，然后进入维管束，引起地上部症状。田间发病为点片状分布。病菌借灌溉水和土壤、扦插转移传播，高温、高湿病情扩展迅速且严重。幼株抗性差，施氮肥过多、生长嫩弱易感病。品种间红色花品种较粉红色花品种抗病。

防治方法①选用抗枯萎病的品种，建立无病母本圃，从无病株上切取插条。提倡采用组织培养种苗，做到栽植无病苗。②切忌连作，实行 3 年以上的轮作，提倡施用保得生物肥或酵素菌沤制的堆肥或腐熟有机肥。③栽植前消毒土壤，采用熏蒸剂与蒸气处理相结合的方法。将威百亩熏蒸剂稀液渗于土中，几天后再用蒸气法配合效果好。(参见香石竹立枯病)。④管理中避免伤根，注意增施钙肥和钾肥，提高植株抗病性。⑤发现病株及时拔除。⑥发病初期浇灌 70%甲基硫菌灵可湿性粉剂 800 倍液加 50%福美双可湿性粉剂 800 倍液或 20%甲基立枯磷乳油 1000 倍液、50%溶菌灵可湿性粉剂 800 倍液等。⑦生物防治。土壤中加入恶臭假单胞杆菌或甲壳质细菌，对该菌具拮抗作用，能减少枯萎病发生。

⑤**香石竹锈病**（图 5-24）

症状 春季发病初在叶片背面或萼片上生橙黄色至黑褐色粒状孢子堆，与其对应的叶面略褪为褐色，小疱斑表皮破裂后散出大量分生孢子，夏孢子多次再侵染后致叶片上卷，植株生长停滞或矮化。秋末冬初受害株上又产生大量暗色冬孢子堆越冬。

病原 香石竹单胞锈菌，属担子菌门真菌。夏孢子堆球形至椭

图 5-24　香石竹锈病

圆形，黄褐色。冬孢子栗褐色，四周具小突起。

传播途径和发病条件　病菌以冬孢子在病部越冬，翌年条件适宜时冬孢子萌发，产生担子和担孢子。担孢子先侵染大戟属植物，在叶上产生性孢子器和锈孢子腔，锈孢子侵染石竹的枝和嫩枝，经几天潜育产生夏孢子堆和夏孢子，进行多次再侵染。昆明地区 3 月初开始发病，3 月下旬至 4 月进入采花期病情扩展迅速。3～5 月昆明雨水较少，气温较高，这时湿度成为病原菌孢子萌发和侵染的先决条件，露滴维持 5～8 小时，孢子可完成侵染，形成一个新的侵染中心，棚室内相对湿度 61%，日均温 18.3～23℃易流行，保护地条件下湿度较稳定，其温度始终处在病原菌适温范围内，利于锈病的侵入和扩展。

防治方法①要及时清除病残体，集中深埋或烧毁，防其扩展，注意铲除香石竹田周围的大戟属植物，切断其转主寄主。②扩繁时加强检疫，一定用无病株繁殖。③发病初期喷洒 80%喷克可湿性粉剂 400 倍液或 20%三唑酮乳油 2000 倍液或 12.5%烯唑醇可湿性粉剂 3000 倍液、50%硫悬浮剂 500 倍液、25%敌力脱或施力脱乳油 3000 倍液，隔

10天1次，防治1~2次即可奏效。

⑥**香石竹煤污病**（图5-25）

图5-25　香石竹煤污病

症状　又称叶霉病、腻斑病、油斑病。该病发生较普遍，发病初期下部叶片或花蕾表面的角质层、蜡质层受到破坏，产生一层蛛网状霜斑，如果整个叶片或花蕾染病，蜡质层全部消失，病部呈水渍状，相对湿度大时，长出黑色霉层，影响香石竹品质，且易诱发镰刀菌茎基腐病。

病原　细盾霉。菌丝体表生，分生孢子梗散生，组成之字形呈螺旋状，中等至暗褐色，除为害香石竹外，还危害芭蕉、金钱草、番石榴等观赏植物。

传播途径和发病条件　病菌菌丝在病部或随病落叶进人土壤中越冬，翌年条件适宜时产生分生孢子进行初侵染和再侵染，温室内空气郁蔽、湿气滞留易发病。

防治方法　①精心养护，降低湿度、注意通风。②发病初期喷洒40%g菌丹或灭菌丹或大富丹可湿性粉剂500倍液、80%喷g可湿性

粉剂 600 倍液。

⑦**香石竹细菌性枯萎病**（图 5-26）

症状 又称细菌性凋萎病。苗期、成株均常发病，属系统侵染维管束病害。幼苗染病病株向一侧扭曲，根部现黄褐色至褐色软腐，抛开病茎可见导管变褐腐烂致地上茎叶朽住不长，叶色变浅，后期呈黄白色。成株染病植株一侧的 1 根或几根枝条或整株突然萎蔫，叶片萎蔫成灰绿色至黄褐色。有些病株茎基部节间纵裂，裂沟处表皮脱落。根系变褐腐烂、发粘，切断茎部置入冷水中或保湿可见溢出白色菌脓，有别于镰刀菌枯萎病。土温低于"℃，间节开裂深。

病原 称香石竹假单胞菌，属细菌。菌体杆状，两极生多根鞭毛，无荚膜，无芽孢。

传播途径和发病条件 病菌在 40℃可生长，30～33℃最适，最高 46℃，最低 5℃。病菌在残存土壤中的病根中越冬，从伤口侵入，施肥过多，浇水过量，地下害虫多易发病，老苗发病重。品种间抗病性有差异。日本红花 Coral 感病，爱利加卡尔、北大陆等品种较抗病。

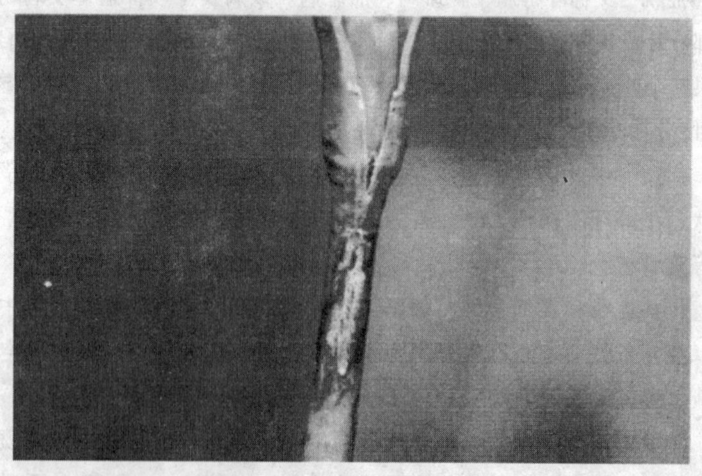

图 5-26 香石竹细菌性枯萎病

高温高湿有利病害发生扩展。

防治方法①选用抗病品种。②不要在发病地区母本上采芽或插条。③发现病株及时拔除。④苗床或大田提倡施用保得生物肥或酵素菌沤制的堆肥。⑤栽植时避免伤根，注意防治地下害虫，土壤宜见干见湿，不宜过湿。⑥插枝用72%硫酸链霉素1000倍液或高锰酸钾1000倍液浸泡30分钟消毒后扦插。⑦发病初期喷洒47%加瑞农可湿性粉剂700倍液或77%可杀得可湿性粉剂500倍液、30%碱式硫酸铜悬浮剂500倍液、12%绿乳铜乳油500倍液，必要时也可用医用硫酸链霉素3000倍液，隔10天左右1次，连续防治2~3次。

⑧**香石竹病毒病**（图5-27）

图5-27　香石竹病毒病

症状　香石竹病毒病已发现香石竹斑驳病毒病（CaMV）、香石竹潜隐病毒病（CaLV）、香石竹蚀环病毒病（CaERV）（图5-29）（右）、香石竹坏死斑点病毒病（CaNFV）和香石竹脉斑驳病毒病（CaVMV）5种。香石竹斑驳病毒病症状表现为新叶褪色，形成斑驳，老叶卷曲，

花呈杂色，病叶多呈卷曲状。香石竹潜隐病毒病在香石竹上产生轻微症状或呈隐症，当与脉斑驳病毒复合侵染时，其子叶上产生严重花叶。香石竹蚀环病毒病染病后叶部产生环状或轮纹状或宽条状的白色坏死斑，严重的坏死斑融合成大型块状病斑。香石竹坏死斑点病毒病染病株中部叶片出现灰白色至浅黄色坏死斑驳或不规则条斑或条点，下部叶片多呈紫红色斑点和条斑。香石竹脉斑驳病毒病染病后幼叶的叶脉上生深浅不均匀的斑驳或坏死斑，有的出现不规则褪绿斑。

病原 香石竹斑驳病毒病属香石竹斑驳病毒组，病叶、病花瓣汁液经负染在电镜下观察到大量的球状（20面体）病毒粒子，钝化温度90~95℃，体外存活期室温下2个月。香石竹潜隐病毒病属香石竹潜隐病毒组，病叶汁液在电镜下观察到线状直的或稍弯曲的病毒粒子，钝化温度55~70℃，体外存活期2~16天。香石竹蚀环病毒病属花椰菜花叶病毒组，病叶汁液在电镜下观察到大量的球状病毒粒子，此粒子较大。香石竹坏死斑点病毒病属黄化病毒组，病叶汁液在电镜下观察到线状病毒粒子。香石竹脉斑驳病毒病属马铃薯Y病毒组，病叶汁液在电镜下观察为线状病毒粒子。

传播途径和发病条件 香石竹斑驳病毒由汁液摩擦传播。香石竹潜隐病毒、香石竹蚀环病毒、香石竹坏死斑点病毒、香石竹脉斑驳病毒除经汁液摩擦传播外，还可由桃蚜进行非持久性传播。病毒病与真菌病、细菌病不同，它可通过寄主植物的胞间连丝、筛管转移，因此侵入后不久，茎、叶、花、根部都有病毒存在，给防治带来困难。

防治方法 ①防治香石竹病毒病主要是预防，最有效的措施是培育抗病品种，种植无毒种苗，切断传播途径，消灭侵染毒源，可以减轻危害达到防治目的。目前生产上多用营养器官的扦插方式或组织培养进行繁殖，但这些繁殖材料必须采自健株，或进行茎尖培养获得无毒种苗，经此培养的植株，不仅无病症出现，而且生长良好，从而达到防治目的。②对于经汁液传播的病毒，可用3%的磷酸三钠溶液洗

手，然后再操作。③对蚜虫传播的病毒可进行防虫治病。④热处理受害株将染病株控制在30℃，5天，使植株逐渐适应，后把温度提高到38℃，2个月，可使植株体内病毒量减少。⑤必要时喷洒3.85%病毒必克可湿性粉剂700倍液、7.5%g毒灵水剂1000倍液。

5.6.2 石竹属花卉的虫害

石竹及香石竹主要虫害有红蜘蛛、蚜虫、蝼蛄、蓟马等。

红蜘蛛 高温干燥条件发生，蔓延极快，要注意观察及早喷杀。主要用药为40%三氯杀螨醇1000倍液，这是高效低毒的专门杀螨剂，但要防治早。也可用40%氧化乐果1000倍液，该药有内吸传导作用，能兼治其他刺吸式害虫。

蚜虫 多发生在高温、通风透气差的时候，繁殖迅速。防治方法①保护利用天敌，如捕食性蚜狮、瓢虫。②药剂防治：选对天敌无大害的内吸传导药物：30%的天然除虫菊酯；25%鱼藤精、40%硫酸烟精800~1200倍液及氧化乐果均可。

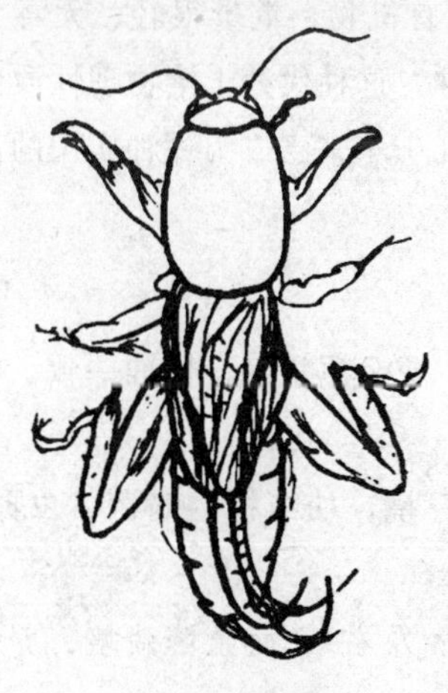

图5-28 东方蝼蛄

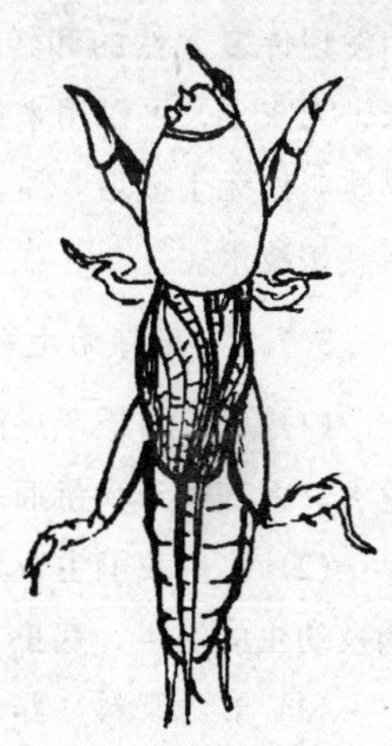

图5-29 华北蝼蛄

蓟马 虫体细小，活动隐蔽，危害初期不易发现，吸茎叶汁液，常传播病毒性病害。用50%杀螨硫磷等内吸剂1000倍；50%乙酰甲胺磷和25%西维因与水（1:2:1000）混合液喷杀。

蝼蛄 土壤内根部害虫。用50%辛硫磷乳油1000倍液泼浇根际土面有特效（图5-28，5－29）。

5.7 盆栽石竹的无土栽培技术

5.7.1 什么叫无土栽培

无土栽培即不用土壤来栽培植物。人们把用营养液栽培植物的技术叫做无土栽培。

无土栽培是近几十年来发展起来的一种植物栽培新技术。人们把土壤里供给植物生长所需的各种矿物质营养物质配成液体，通过一定的栽培设施，在一定的栽培基质中，用营养液栽培，不用土壤栽培，因此叫无土栽培。这种含有植物生长必需元素的溶液叫做营养液。人们发现许多天然的和经过加工的无机或有机物，重量很轻，无毒无味，无灰尘，可以用来代替土壤支撑植株，这种代替土壤物理性质的物质叫做无土栽培基质。无土栽培在近几十年来已成为一种实用的高新栽培技术。

5.7.2 花卉无土栽培的优点

（1）单位面积产量高，植物长势好，花朵质量好，标准一致，收益大。尤其适于大量商品性切花生产。

（2）比土栽卫生，无异味，不污染环境，杜绝植物病菌、虫卵、蛹及幼虫的滋生，病虫害大大减小。

（3）节约肥料，养分损失少（仅10%左右），而土壤栽培，养分流失多（达40～50%），主要是渗漏和地面蒸发量大。

（4）可节约用水，特别在水源不足的地方，效果尤为明显。

(5) 节省劳力，减少轮作倒茬，无需中耕除草、松土等田间管理，大大降低劳动强度。同时还可以解决土壤栽培中因单一作物连作所造成的地力衰竭，病虫害严重等问题。减少轮作倒茬和土壤改良等措施。全部可用计算机控制管理流程，为花卉生产走向工厂化、标准化、自动化提供方便。

(6) 栽培地点选择余地大。无土栽培选择地点余地大，空闲的荒地，甚至沙漠荒滩地，在太空、海面、远洋轮上都可以。在当前城市住宅向空间立体发展的今天，无土栽培特别适合于楼顶，窗台、阳台、过廊、过厅及案头等零星小面积家庭养花时使用。

5.7.3 常用花卉无土栽培基质介绍

(1) 基质的作用

用以代替土壤的物质即非土壤基质，应具有以下3个作用：

①固定植株；②有一定的保水、保肥能力，透气性好；③有一定的化学缓冲能力，如稳定的氢离子浓度，处理根系分必物，保持良好的水、气、养分的比率等。

通常的无土栽培基质，都应具备1，2作用。3可以用营养液来解决。

(2) 无土栽培基质应具备的条件

①完全卫生

无土栽培基质可以是无机的也可以是有机的，但总的要求必须对周围环境没有污染。有些化学物质不断散发出难闻的气味，或是释放一些对人体和植物有害的物质，这些物质绝对不能作为无土栽培的基质。土培的缺点就是污染，选用的基质必须克服这一缺陷。

②轻便美观

无土栽培是一种高雅的技术和艺术。无土盆花必须适应楼堂馆所装饰的需要。因此必须选择重量轻、结构好、搬运方便、外形与花卉造型、摆设环境相协调的材料。

③有足够强度和适当结构

因为基质还要支撑适当大小的植物躯体和保持良好的根系环境。基质有足够的强度才不致于使植物东倒西歪；基质有适当的结构才能使其具有适当的水、气、养分的比例，使根系处于最佳环境状态，最终使枝叶繁茂，花姿优美。有的基质能提供植物适当的营养成分。如不能提供营养，只要有适当的保水、保肥、透气能力，提供根系良好的环境，仍然是最好的基质。因为，植物生长所需的营养完全可以按科学配方制成营养液来供给。

不同的植物根系要求的最佳环境不同，不同的基质所能提供的水、气、养分比例也不同。因此，我们可以根据植物根系的生理需要选择合适的基质，甚至可以配合混合基质。

(3) 常用无土栽培基质的性质介绍

①锯末和棉籽壳栽培

锯末是木材加工的副产品，是一种便宜的基质，使用前必须了解其来源，确认无毒的锯末，最好堆放一年，充分发酵，直到颜色由浅变深（褐色），用日光曝晒消毒。锯末作为无土栽培基质的特点如下：

- **轻便**　锯末基质很轻，和珍珠岩、蛭石的容重相似。
- **吸水透气**　锯末具有良好的吸水性与通气性，对大多数粗壮根系都很容易满足其水气的比例。对于纤细根系的植物，在空气湿度较大的南方或沿海地区，锯末水气的比例也很合适。但在北方干燥地区，由于锯末的通透性太好，根系容易风干，最好掺入一些泥炭，稻壳等有机基质配成混合基质。
- **有些树种的锯末的化学成分有害**　多数松柏科的植物的锯末含有树脂，鞣酸和松节油等有害物质而且碳氮比（C/N）很高，对花卉生长不利。但杉木（如云杉、冷杉）的锯末很好。

棉子壳是棉花加工的副产品，是一种有机基质，它的保水性强、质地轻。与锯末屑混合适用于盆栽、袋培、槽培。家庭养花用盆栽即

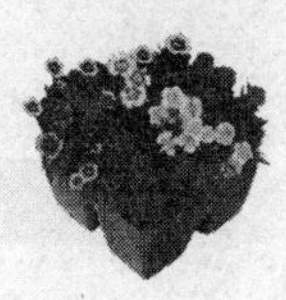

可。一般可有内盆和外盆套在一起，内盆底部有孔可排水，盛基质，外盆盛营养液，底部无孔。营养液可以顺着内盆孔上吸。也可以直接将基质填入盆内，以浇灌营养液的方式栽培。

②砂砾栽培

以直径大于3mm的颗粒作基质，植物生长在砂砾之中（无孔）。砂砾是无土栽培应用最早的一种基质材料，其特点是取材广泛、价格便宜，但由于结构无孔，保水力差，又容重过大，持水力差。在使用砂砾作基质进行无土栽培时、应注意以下几点：

• 砂粒不宜过细，可选用大于3mm的粒径为好，砂粒均匀，不宜在大粒中加入土壤或细沙。

• 砂砾使用前应过筛，剔除过大的砾石，用水冲洗，以除去泥土及粉沙。

• 用前进行化学分析，以确定有关成分含量以保持营养成分的合理用量和有效性。

• 确定合理的供液量和供液时间，防止因供液不足而造成缺水。

③陶粒培

陶粒是在800℃以上的温度下烧制而成的，以多种粘土为原料。基质表面较圆，团粒大小比较均匀的页岩物质，粉红色或赤色。陶粒是高温下高度膨化了的，所以内部结构松，孔隙多，类似蜂窝状，容重为500kg/m^3，质地轻，在水中能浮于水面，是良好的无土栽培基质。其特点是：

• **保水排水透气性能良好** 陶粒内部孔隙在没有水时充满空气，当吸入一部分水时仍然可保持部分空气，当根系周围的水分不足时，孔隙内的水分通过陶粒表面扩散到陶粒间的孔隙内，供根系吸收和维持根系周围的空气湿度。一般陶粒越大，空气越多，但空气湿度相对要比小粒的小。可以根据植物大小来选择陶粒的大小，一般采用中等大的（直径5～6mm的）为宜。在无渗漏的花盆内，质量较好的陶粒

可以将下层的水通过颗粒间的传导吸入到整个盆内的颗粒中保持湿润状，并通透性良好。

• **保肥能力适中** 许多营养物质除了能附着在陶粒表面，也能进入陶粒内部的孔隙间暂存，当陶粒表面的养分浓度降低时，孔隙内的养分向外运动以满足根系吸收养分的需求。

• **化学性质稳定** 陶粒的氢离子浓度为 1～12590 纳摩/升（pH9～4.9），有一定的阳离子代换量（为 60～210 毫摩/kg）陶粒来源不同，其化学成分和物理性质也有一定差别，但作无土栽培基质都很合适。1999 年昆明世博会上四川德川公司推出的“拉卡粒”与套装盆具是比较先进的陶粒培养。在 1200℃下用天然气烧制而成，陶粒表面很圆，颗粒大小一致，其技术引自瑞士，笔者已进行了试栽以各种观叶植物为主，效果很佳，花卉根系生长比土栽的多 2 倍以上，尤其是须根系特别发达，盆具设施齐全，设有水标。该公司还生产有彩色拉卡拉，装饰效果好（图 5-30，5－31）。

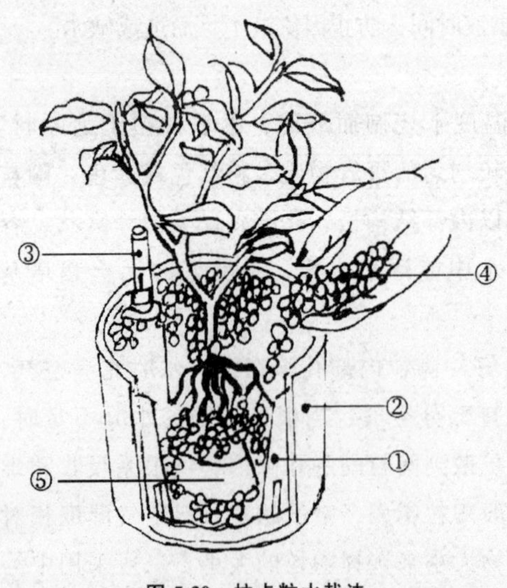

图 5-30 拉卡粒水栽法
1. 内盆 2. 外盆 3. 水标 4. 拉卡粒 5. 营养盒

• **安全卫生** 本身无异味，也不释放有害物质，适合家庭、饭店等楼堂馆所装饰花卉的无土栽培。

• **节约用水** 用中等大小的陶粒（拉卡粒）作基质种花，如加上水标指示，可以定期浇水或营养液，对于工作繁忙的职业家庭，管理上十分省工，出差前如将水加到最高线水位，1 个

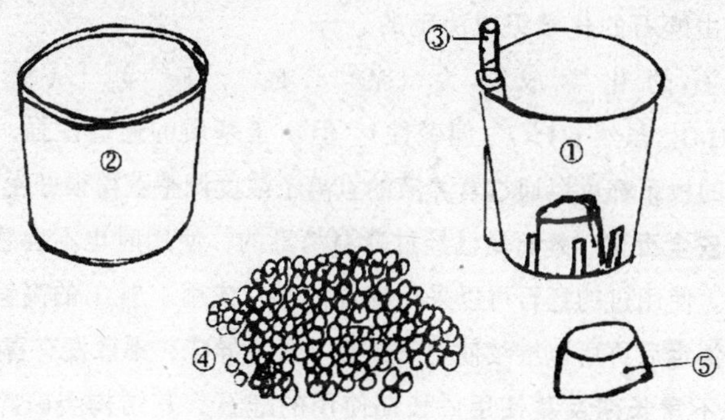

图 5-31 拉卡粒水栽法盆具

1. 内盆 2. 外盆 3. 水标 4. 拉卡粒 5. 营养盒

月不加水，花卉照样正常生长。

④膨胀蛭石和珍珠岩栽培

可以单独培养也可以掺在一起作基质使用。

蛭石 为水合镁铝硅酸盐，是云母类无机物加热至 800～1000℃时形成的。云母无机物中含水分子，加热时水分子膨胀变成水蒸气，把坚强的无机物层爆烈开，形成小的、多孔的海绵状的片形核。经高温处理膨胀后的蛭石体积是原来的 18～25 倍，容重很小，为 80kg/m^3，孔隙度大，用作无土栽培基质的蛭石具有以下特点：

• **吸水性强，保水保肥能力强** 蛭石每 m^3 可吸水 100～650 升，超过其自身重量的 1.25～8 倍。吸水量大于一般基质。保水保肥力很强。

• **孔隙度大**（95%） 透气。蛭石吸水使气体空间减少，达到饱和含水量的蛭石透气性很差。正因为蛭石有极大的气体空间，又具有极强的吸水能力，可以人为地调节蛭石的水分含量，以达到适合某种花卉植物的最佳水气比例。对绝大多数花卉植物而言，蛭石是很好的无土栽培基质。

• pH9～7 能提供一定量的钾、少量的钙、镁等营养物质。这些

性质是由蛭石的化学组成决定的。

蛭石的化学成分为（Mg^{2+}，Fe^{2+}，Fe^{3+}）$_3$［（Si，Al）$_4O_{10}$］$(OH)_2 4H_2O$。虽然 pH>7（偏碱性），但由于基质的通透性强，大多数花卉植物的根系都可以通过营养液的氢离子浓度调整获得很好生存环境。

• **安全卫生**　蛭石是已经过高温消毒的，使用时也不会感染病原菌和虫卵。使用过的蛭石可以采用高温消毒，或用 1.5g/L 的高锰酸钾或福尔马林消毒后再可以继续使用。蛭石本身无异味，不散发有害气体。

• **不宜长期反复使用**　长期使用的蛭石，其结构会破碎，孔隙度减少，排水透气能力降低。因此，在运输使用过程中不能受重压。一般蛭石使用 1~2 次，就不能再用来种植同种花卉，而应改种根系较纤细的花卉植物。蛭石适合于石竹、美国石竹、常夏石竹等喜碱性土的花卉的无土栽培。

珍珠岩　是由硅质火山岩形成的矿物质，具有珍珠状球形裂纹而得名。硅质火山岩含水量约为 2%~5%，当粉碎加热至约 1000℃时，即膨胀形成无土栽培用的膨胀珍珠岩，其容重小，为 80~180kg/m^3。这种矿物质具有密闭的脆状构造。珍珠岩的特点是：

• **透气性好，含水量适中**　珍珠岩的孔隙度约为 93%，其中空气容积约为 53%，持水容积为 40%。当灌水后，大部分水分保持在表面，由于水分张力小，容易流动。因此，珍珠岩易于排水，易于通气。

虽然珍珠岩的吸水量（为自身重量的 4 倍）不如蛭石，但在下层有水的情况下（如防渗漏花盆中），珍珠岩通过颗粒间的水分传导，能将下层的水吸人整个盆内的珍珠岩中并保持适当的通透性。其含水量已完全满足植物根系生活所需，因此，在栽培一些对水气的比例要求较严格的花卉时，选用珍珠岩比选用蛭石好。特别是栽培一些喜酸性的南方花卉时，珍珠岩更能体现出它的优点。珍珠岩适合香石竹无土栽培。

• **化学性质稳定**　珍珠岩的 pH7.5~7.0。珍珠岩的化学组成如下：

二氧化硅（SiO_2）　　73%~75%

三氧化二铝（Al_2O_3）	11% ~ 13%
氧化钠（Na_2O）	3.5% ~ 5%
氧化钾（Fe_2O_3）	2.3% ~ 4.4%
三氧化二铁（Fe_2O_3）	0.9% ~ 2%
氧化钙（CaO）	0.7% ~ 1%
氧化镁（MgO）	0.2% ~ 0.33%
二氧化钛（TiO_1）	0.08% ~ 0.1%
二氧化锂（LiO_2）	0.01%

其他微量元素有锰（Mn）、铬（Cr）、铅（Pb）、镍（Ni）、铜（Cu）、硼（B）、铍（Be）、钼（Mo）、砷（As）等。

珍珠岩的阳离子代换量小于1.5毫摩/kg，几乎没有养分吸收能力，珍珠岩中的养分大多数不能被植物吸收利用。其氢离子浓度比蛭石高，这也正是它更适合种植南方喜酸性花卉的原因之一。

珍珠岩可以单独用作无土栽培基质，也可以和泥炭、蛭石等混合使用，如果与蛭石混合，蛭石比珍珠岩为1：1的比例为好可作为香石竹的无土栽培基质。

使用珍珠岩应注意的问题

• 珍珠岩浇入营养液后，在见光的表面容易生长绿藻，为了控制绿藻滋生，可以更换表层珍珠岩，或经常翻一翻，或避光。

• 珍珠岩粉尘对嗓子有强烈刺激性，必须小心，在使用前最好先用水喷湿，以免粉尘飞扬。

• 珍珠岩的比重比水轻，淋雨较多时会浮在水面，致使珍珠岩与根系的接触不牢靠，容易伤根，植株也容易倒伏，应在事先安排好防洪涝的计划。

所有植物根系都适合在珍珠岩中生长，特别喜酸性的纤细的须根系花卉，在其他基质中不容易生长面而在珍珠岩中生长健壮。

以上介绍的基质（多可作家庭盆栽无土栽培的基质）外，还有岩

棉、硅胶、离子交换树脂、泥炭、树皮、稻壳、尿醛、酚醛泡沫、炉渣等。还可以用复合基质（即2～3种混合），无机复合基质和有机—无机复合基质，但都必须满足增加孔隙度，提高基质的保水保肥能力，改善基质的通透性3个条件，制成的基质为根系生长提供最佳的环境条件，即水气的最佳比例。

⑤岩棉培

岩棉的性质前面在配制培养土的基质中已详细介绍，即以岩棉为基质进行花卉栽培，灌溉营养液供生长发育。岩棉无土栽培的技术设施（图5-35）。

5.7.4 花卉无土栽培基质的选择和使用前处理

(1) 无土基质的选择

选用什么样的基质材料可以从以下几方面考虑：

①根据栽培设置形式来选择

基质的选用与栽培设置形式关系较大。如设备与技术条件较差时，可采用槽式栽培或盆钵栽培，可选用砂砾、蛭石或珍珠岩作为基质；如用袋培，柱状栽培时可选用锯末或棉子壳加砂的混合基质；在有滴灌设备的条件下，可采用岩棉作基质。

②选用基质资源广泛，价格便宜的

应因地制宜选用本地丰富的资源。

③根据设备及技术力量条件来选择

如果技术力量和设备较好，可选用岩棉栽培；如条件差，可采用砂砾、锯末等基质作槽式栽培或盆栽。

(2) 无土栽培基质使用前的处理

不论选用什么基质，在使用前如果基质达不到应有规格，进行用前处理，如筛选、去杂质、粉碎、清水冲洗、浸泡等等。如果是松柏科锯末必须用开水浸泡蒸煮再用水清洗。

(3) 无土栽培基质的消毒

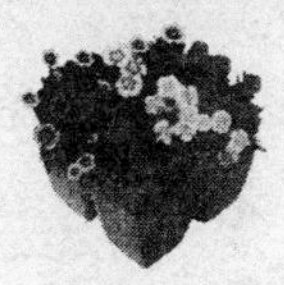

基质经栽培作物之后，特别是连作，仍栽培同一种作物，就易发生病虫危害，因此在前作不种之后，如还要用此基质，必须进行消毒。

①蒸汽消毒

简便易行，是效果明显的一种消毒方法。方法是将基质装入消毒柜或箱内（体积 1 ~ 2m^3），由通气管通入蒸汽，密闭消毒。一般在 70 ~ 90℃下，消毒 15 ~ 30 分钟，即可取得良好的效果。

②化学药剂消毒

• **甲醛** 即福尔马林，为良好的消毒剂，一般将 40% 原液稀释 50 倍，用喷壶将基质均匀喷湿，覆盖塑料薄膜 24 ~ 26 小时后，经风干 2 周以后使用。

• **氯化苦** 是一种对土壤病虫有传统消毒效果的药物。为液体，是一种良好的熏蒸消毒剂。熏蒸使用温度为 15 ~ 20℃。消毒方法与土壤消毒方法相同。

• **溴甲烷** 对基质一般病害及线虫有良好的消毒作用方法同土壤。

③其他处理

基质使用过久，有大量盐分积累残留在内，会影响以后的使用效果，再利用时应用清水浸泡或冲洗，以清除过多的盐分。

5.7.5 无土栽培的营养液的配制方法

(1) 营养液的组成和要求

植物必需元素化合物的要求，植物生长的必需元素有 16 种，其中，营养元素浓度含量毫摩/升的为大量元素，营养元素浓度含量微摩/升的为微量元素。在配制营养液时，碳、氢、氧等元素植物可以从大气中吸取，不计入。氮、磷、钾、钙、镁等为大量元素；铁、锌、锰、铜、硼、钼、氯等为微量元素，它们都存在于化合物里，一种化合物可能含有两种或两种以上的营养元素，在配制营养液时应从几种化合物中求所需的总量。在生产中可以采用工业用或农业用化学制品，纯度低一些，以便降低成本。但微量元素用量少，最好用化学

纯或医用品。

(2) 水的要求

所有洁净的水（包括可饮用的自来水、井水等）都可以用来配制营养液，但在使用前，要对水质有基本的了解。与无土栽培有关的几项水质指标如下：

①**钙、镁浓度** 水的钙、镁浓度不宜过高，一般在1.8mmol/L以下为好。但在一些地区，是钙质土和石灰岩地区的水，钙、镁浓度高，用这种水配制营养液，必须将水中的钙、镁离子含量计入配方，否则营养液的盐分总量过高，离子间的比例失调。

②**酸碱度** 以氢离子浓度3.163～3163nmol/L（pH值7.0±1.5）为宜，通常宜酸不宜碱。

③**溶解氧** 使用前的溶解氧应接近饱和。

④**氯化钠**（NaCl） 浓度，应小于2毫摩/升。

⑤**余氯** 自来水消毒常用液氯（Cl_2），水中的氯含量常大于0.3mg/L，这对植物根系有害。自来水在进入培养系统之前最好放置半天，使氯气散逸后再用。

⑥重金属及有害元素容许浓度（表5.6）

表5.6 重金属及有害健康的元素容许浓度

金属	容许浓度	金属	容许浓度
汞（Hg）	25	铬（Cr）	962
镉（Cd）	89	铜（Cu）	1574
砷（As）	133	锌（Zn）	3059
硒（Se）	12.7	铁（Fe）	8954
铅（Pb）	241	氟（F）	52636

注："-"表示舍去小数，"+"入进小数，入舍原则为四舍五入

确定水源后应对其进行镁、铁、硫酸根、碳酸根、氢离子浓度等测定，供配营养液时为参考。为了消除上述离子的危害，可在自来水

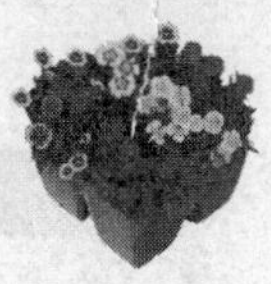

中加（EDTA - Fe）代替铁盐或用泥炭作基质可消除上述水中有害物质。以防止 Fe^{2+} 氧化成 Fe^{3+} 生成沉淀不能被花卉植物吸收。

(3) 营养液的酸碱度

中国石竹、美国石竹、常夏石竹，少女石竹等均喜石灰质土壤（pH 值 6.5～8）而香石竹喜稍偏酸（pH 值 6.5～7.5）不同花卉配溶液采用不同酸碱度。调节 pH 值可用 NaOH 或 HCl 调整。此外调节营养液中氨态氮和硝态氮的比例可使营养液的 pH 值相对稳定，二者各占 50%时，pH 值可稳定在 4.3；氨态氮占 85%，硝态氮占 15% pH 值可稳定在 5.1；氨态氮 95%，硝态态 5%时，pH 值可稳定在 6.0。

(4) 营养液的离子总浓度

如果营养液的离子总浓度高于花卉植物根系内的浓度，危害不大。但铁、硫过多对植物是有害的。各种花卉植物的根系对离子的吸收是有选择性的，即根据体内需要选择性地吸收离子。但是每种花卉都有其最适浓度，营养液的浓度与之不能相差太大，如超出这种花卉根系选择性吸收能力的范围就会出问题。一般大多数花卉营养液盐分浓度不能超过 0.4%，一般 0.2%左右比较合适。香石竹所需营养液盐分总量为 2～3g/L。

(5) 营养液的离子比例及常见营养液配方

营养液是否适合花卉植物生长，最重要是营养液中各离子的比例是否合适。如果比例合适，浓度高低问题不大。香石竹切花平均 1 株的养分吸收量（表 5.7），可供盆栽者参考。

表 5.7　香石竹夏冬季吸收养分情况

季节	氮（mg）	钾（mg）	钙（mg）	镁（mg）	磷（mg）
夏	408	683	327	161	155
冬	1054	1943	514	349	453

应根据栽培的花卉对象来选择适合的营养液配方。用国内外的基

本营养液加以修改组成石竹属花卉培养液，营养液的配方很多，但是，营养液的浓度应控制在0.2%～0.3%，不宜超过0.4%；营养液的pH值5.5～6.5为佳。常见的营养液配方如表6至表9。

表5.8　汉普营养液(g/L)

化学式	数量	化学式	数量
KNO_3	0.7	$MnSO_4$	0.0006
$Ca(NO_3)_2$	0.7	$ZnSO_4$	0.0006
$CaSO_4 + Ca(HPO_4)_2$	0.8	$CuSO_4$	0.0006
$MgSO_4$	0.28	$(NH_4)_6Mo_7O_{24} \cdot 4H2O$	0.0006
$Fe_2(SO_4)_3H_2O$	0.12	$(NH_4)_2SO_4$	0.22
H_2BO_3	0.0006		

表5.9　格里g基本营养液(g/1000L)

化学式	数量	化学式	数量
KNO_3	542	$Fe_2(SO_4)_3 \cdot 7H_2O$	14
$Ca(NO_3)_2$	96	$MnSO_4$	2
$CaSO_4 + Ca(H_2PO_4)_2$	135	$Na_2B_4O_7$	1.7
$MgSO_4$	135	$ZnSO_4$	0.8
H_2SO_4	73	$CuSO_4$	0.6

表5.10　凡尔赛营养液(g/2000L)

化学式	数量	化学式	数量
KNO_3	568	Kl	2.84
$Ca(NO_3)_2$	710	H_3BO_3	0.56
$NH_4H_2PO_4$	142	$ZnSO_4$	0.56
$MgSO_4$	284	$MnSO_4$	0.56
$FeCl_2$	112		

表 5.11 用于花卉的几种营养液(g/100L)

化学式	菊花	唐菖蒲	蔷薇	香豌豆	香石竹	金鱼草	紫罗兰
$Ca(NO_3)_2$	168.4			210.5		122.8	
KNO_3			114.1			41.2	76.1
$NaNO_3$		62.4			200.0		
$(NH_4)_2SO_4$	23.7	15.6	23.4		20.0		15.6
$MgSO_4 \cdot 7H_2O$	75.8	53.6	64.4	75.1	85.0	53.6	53.6
K_2SO_4	62.4						
$CaSO_4$		25.8	33.7				21.4
KH_2PO_4	52.4			52.4			
$Ca(H_2PO_4)_2 + CaSO_4$					150.0		108.5
$Ca(H_2PO_4)_2 \cdot H_2O$		46.8	47.7			88.2	
KCl		63.4			50.0		

(6) 香石竹无土栽培营养液配方

香石竹喜微酸性土壤（pH6.3～6.5），可选用以下配方：

化合物	用量（单位：毫g/升）：
硝酸钙［Ca（$NO_3)_2 \cdot 4H_2O$］	886
硝酸钾（KNO_3）	404
磷酸二氧钾（KH_2PO_4）	204
硫酸钾（K_2SO_4）	22
硫酸镁（$MgSO_4 \cdot 7H_2O$）	185
硫酸亚铁（$FeSO_4 \cdot 7H_2O$）	9.7
硫酸锰（$MnSO_4 \cdot H_2O$）	1.3
硼酸（H_3BO_3）	1.2
硫酸锌（$ZnSO_4 \cdot 7H_2O$）	0.863
硫酸铜（$CuSO_4 \cdot 5H_2O$）	0.125
钼酸铵［（$NH_4)_6Mo_7O_{24} \cdot 4H_2O$］	0.920

该配方与桑诺韦尔德（Sonnoveld）和阿诺尔德（Arnold）离子配

方一致。也可参见表5.9中配方。

可用营养膜技术和基质盆栽（常用套盆）。基质可选用岩棉、尿醛、炉渣、蛭石、陶粒、珍珠岩（或泥炭）加蛭石（用1:1的）。氢离子浓度31.63～316.3nmol/L（pH值7.5～6.5），盆栽者用套盆，内盆盛基质，外盆盛营养液。内盆盆底有许多网眼，根系穿出内盆基质，扎入外盆的营养液中，内盆盆底与营养液间有一定距离，以利根系通气。培养石竹与香石竹很好。

(7) 营养液营养成分的效力

在营养液中，各种离子的数量关系如失去平衡，营养成分的效力会大大降低。而植物吸收各种营养的过程中受温度、光照等的影响而发生千变万化。在无土栽培中，要估计营养液的组成效率，最简单的办法是测定溶液的pH值，如果是溶液中负离子大于正离子，溶液偏碱，反之正离子大于负离子则偏酸。经常测定溶液的pH值，然后根据测定结果进行补充不同营养元素，将pH值保持在6.5～7，才能保证溶液的营养效力高。

(8) 营养液的配制步骤

①先要仔细阅读药品的说明书，看它是否含结晶水，纯度为多少。

②用粗天平依次称取药品，放在干净的器皿中，微量元素的称量，每次现称比较麻烦，可按下列重量来称取它们：硫酸锌3g，硫酸锰9g，硼酸7g，硫酸铜3g，硫酸亚铁10g，共32g。将上述药品混解在3.2L的容器中，在配制营养液时，在1000L大量元素的水溶液中加入1L上述微量元素混合液就行了。

③先往配营养液的大桶中加入最终水体积的10%的水。

④分别放入称好量的肥料，加水搅拌，直至完全溶解。

⑤如使用硝酸钙时，应先单独溶解，最后向一块混合。

⑥对于较难溶解的药品，也可先用温水溶解或放在水浴锅中加温，以加速溶解。

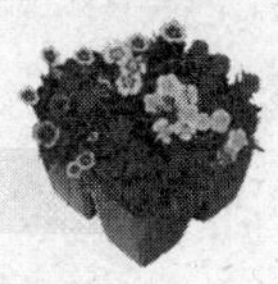

⑦按规定配好的营养液先测试酸度，家庭可用试纸，如不符合标准（一般 pH5.5～6.5 为宜），可用盐酸（HCl）或氢氧化钠（NaOH）液调节 pH 至 6.5～7。

⑧配制好的营养液可放暗处和温度较低处。

⑨如果配制的营养液量大时，可配成 100 倍浓度的母液，用时取一定的量，加入 100 倍水即可使用。

5.7.6 水培石竹香石竹花卉

(1) 什么叫水培技术

即用水作无土培养的基质，在水中加入各种植物所需要的营养元素，配成营养液，将花卉的根系直接泡在营养液中。(图 5-32)

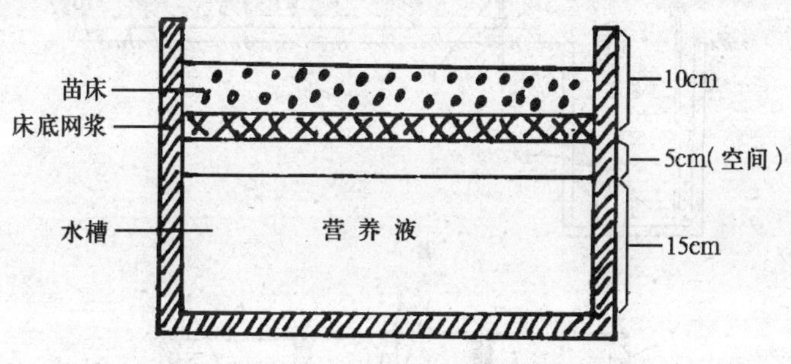

图 5-32 水培槽

(2) 水培技术介绍

根据来源来分可将水培技术分为 3 种培养技术：

①深液流技术

这类栽培方法的特征是：a. 植株根系全部或部分地浸入营养液中；b. 营养液是流动的；c. 营养液与空气混合溶氧；清水法、马萨提尼（Massantin）和格里克方法均属于此类（图 5-33）。

②营养膜（NFT）技术

营养膜技术是在塑料袋技术的基础上发展起来的（图 5-34）。塑

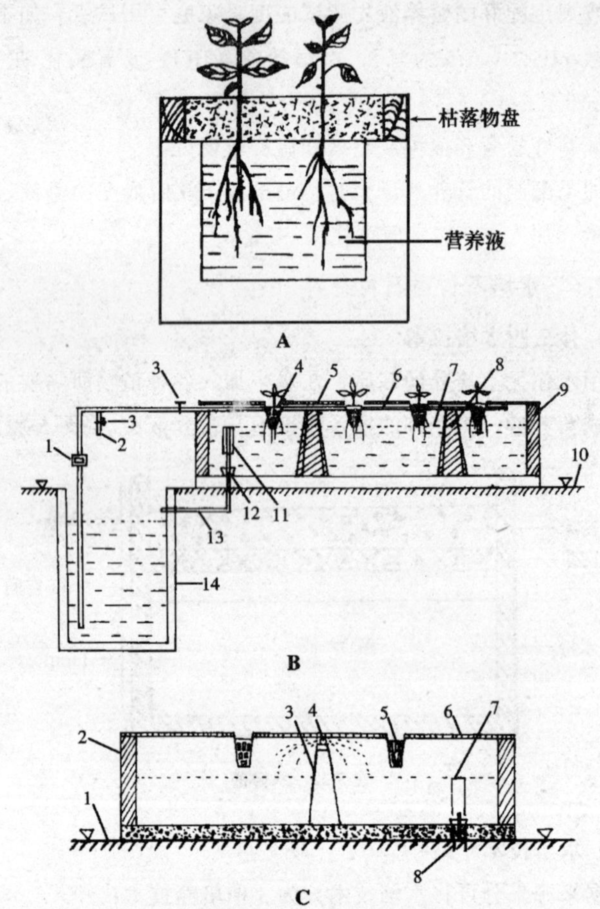

图 5-33 深液流技术发展示意图

A 深水培试验装置

B 改进型神园式深液流水培养设施示意图（纵切面）

1. 水泵 2. 充氧气管 3. 流量控制阀 4. 定植杯 5. 定植板 6. 供液管 7. 营养液 8. 支撑墩 9. 种植槽 10. 地面 11. 液层控制管 12. 橡皮塞 13. 回流管 14. 贮液池

C 改进型神园式深液流水培设施示意图

1. 地面 2. 种植槽 3. 支撑墩 4. 供液管 5. 定植杯 6. 定植板 7. 液面 8. 回流及液层控制装置

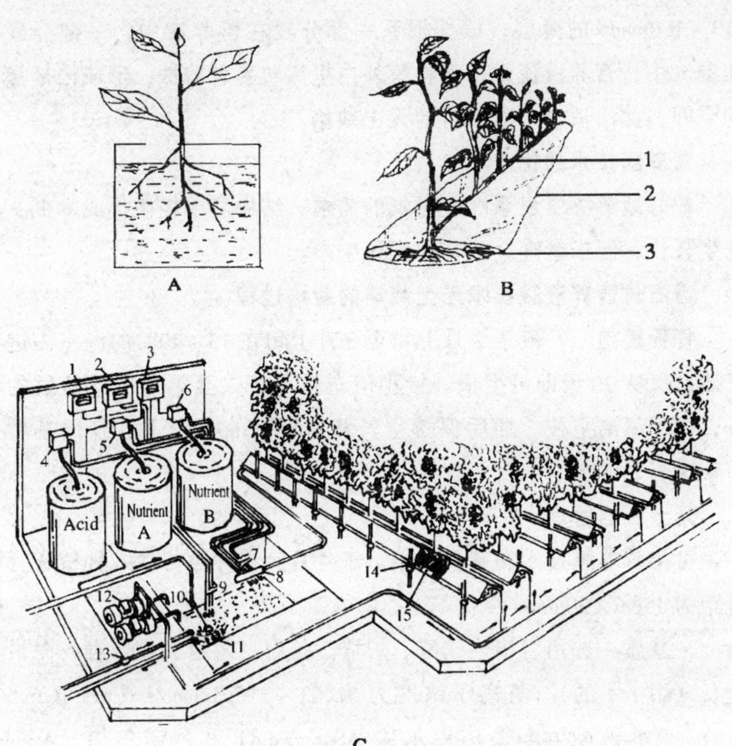

图 5-34　营养膜技术发展示意图

A　塑料袋培养植株

B　道格拉斯设计的水培塑料膜示意图

1. 对折缝　2. 塑料薄膜口袋　3. 营养液和根系

C　营养膜技术设施示意图

1. pH 控制器　2. 温度控制器　3. 浓度控制器　4～6. 母液泵　7. 母液补给器　8. 充气器　9. pH 温度和浓度传感器　10. 水分补给器　11. 加热管　12. 循环泵　13. 热水控制阀　14. 营养体　15. 吸水材料

料袋里盛入适量营养液即可培养植株。在此基础上做进一步改进。

营养膜技术的特征

把塑料袋改为塑料膜，铺在一定形状的格架上；营养液仅为

0.3～1.0mm厚的薄层；植株根系一部分浸在营养液中，一部分暴露在湿气中；营养液流动；塑料膜外白里黑包裹着植株，形成内部黑暗的空间，此法适合于香石竹的无土栽培。

营养膜技术的优点

较好地解决了根系呼吸对氧的需求；结构简单轻便，成本低；植株生长快，便于管理，适合规模化生产。

香石竹营养液膜技术无土栽培的栽培过程

扦插繁殖 一般于2月上旬至3月上旬在15～20℃的温室内进行扦插，保持20天即可生根。接穗应选枝条第二至第六节处萌发的侧枝，用手掰离主枝。插后保持空气相对湿度60%以上。扦插基质可用珍珠岩、泥炭、蛭石、砻糠等。

无土栽培管理

可用营养膜技术和基质栽培。于4月底将扦插苗移入种植床，株行距为15cm×20cm。

• **基质** 选用岩棉、尿醛、炉渣、蛭石、陶粒、珍珠岩或泥炭加蛭石（用1:1的）。氢离子浓度为31.63～316.3nmol/L（pH值6.5～7.5）。营养液配方与桑诺韦尔德（Sonnoveld）和阿诺尔德（Arnold）离子配方一致。每7天浇1～2次。

• **摘心** 第一次6～7节（幼苗时），第二次侧枝长至5～6节时进行。防倒伏，在种植槽旁立支架，用塑料绳拉成方格，每株1格。香石竹采后贮藏，宜减压（101.33%帕）、冷藏（1℃），贮藏期可达5个月之久。

中国农科院陈琰芳研究员等进行过香石竹岩棉培试验，将香石竹直接定植在岩棉块上或栽在装有蛭石的营养钵内（无底的）摆放在岩棉块上，岩棉块为70×30×8cm的长方垫，用乳白色膜包裹。采用重力法灌溉技术，上面设一供液箱，连接灌水管，再接滴灌管，注入植株的根部。植株所需灌液量由水表来控制。试验结果表明：岩棉栽培

的香石竹比土壤栽培的生长发育早、开花早、花期高峰提前、切花产量高；不同品种需水量不同，不同生育期的需水量也不同，可人为加以控制。关于岩棉无土栽培的设施（图 5-35）。

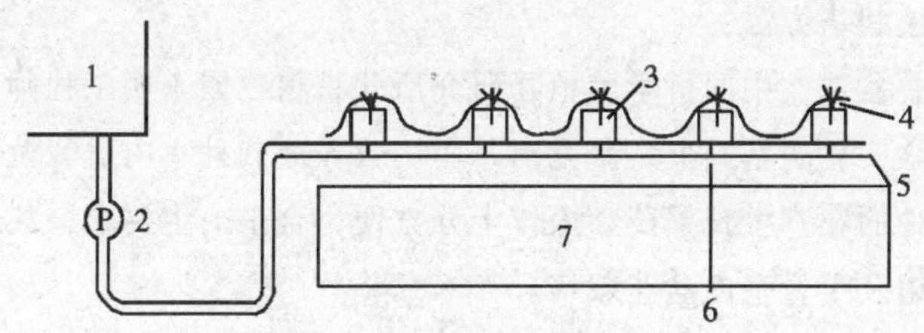

图 5-35　岩棉培技术示意图

1. 培养液　2. 泵　3. 育苗钵　4. 银灰膜　5. 有孔软质　6. 排水刻痕　7. 岩棉毡

③雾培技术

技术营养液雾化后喷射到根系周围，雾气在根系表面凝结成水膜被根系吸收。根连续或不连续地处于营养液滴饱和的环境中，很好地解决了水、养分和氧气供应问题，植株生长快。这是马萨提尼 1973 年引用的（图 5-36）。

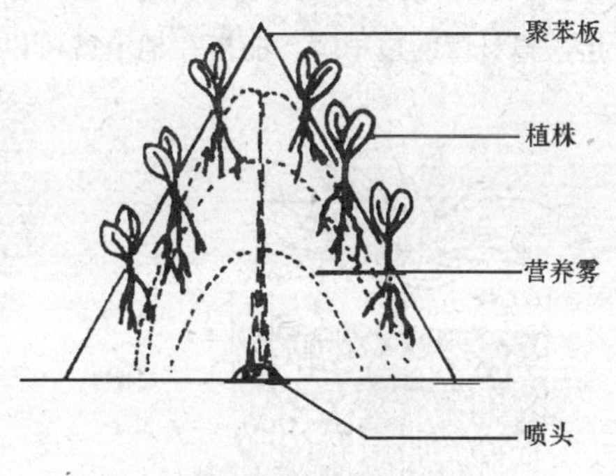

图 5-36　雾培示意图

④居室盆花实用水培技术——盆花营养液栽培法

中国科学院植物研究所北京植物园近 40 年来一直用泥炭土、砂等盆栽基质栽培了大量的温室植物，绝大多数是成功的。在很大程度上改善了盆栽的条件，使过去用天然土壤如细沙土（黄土岗的土）作盆栽用土时，复杂的浇水、施肥工作变得简单、容易掌握了。

读者进行盆花无土栽培时，泥炭土、砂等可参照一般盆栽方法，

只将常用细沙土、腐殖土等盆土改用基质，并用营养液浇灌代替浇水和施肥。其盆栽和管理方法与培养土盆栽相同。前面介绍的方法多适用于大面积花卉蔬菜生产的营养液栽培法。现介绍几种比较实用的盆花营养液栽培方法：

· **叠盆法** 中国科学院植物研究所北京植物园李明工程师在多年无土栽培实验的基础上，研究出一套用营养液栽种室内盆栽植物的方法。栽种的花卉生长繁茂，操作十分方便，合乎卫生要求，甚适于家庭、宾馆及少量室内盆花栽培。

根据盆栽植物的大小，选用与植物规格相当的水培花盆。花盆由上下两部分组成，上部呈浅盆状用以栽植植物，上部的底为筛状多孔，植物的根可通过孔伸至下部的盆中；下部呈筒状，不漏水，装营养液。可以在市场上选购类似上述形状的小塑料筐和塑料桶。只要两者能套在一起，塑料筐的边稍宽，能搭在桶上就可以用。

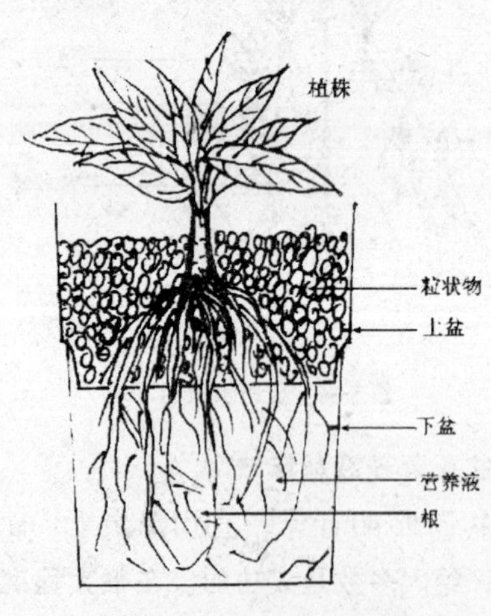

图 5-37 叠盆法示意图

在营养液培养中，先用粗砂或直径 0.5cm 以下的砾石将植物根部固定栽植在水培花盆的上半部分，并使部分根系穿过盆底部的孔洞向下伸展至营养液中。水培花盆的下半部分灌注营养液，其深度约为盆深的 2/3，保留 1/3 的空隙（图 5-37）。根系不能全部浸泡在营养液中，保持部分根露在空气中。这样使植物的根有所分工，大部分根伸入营养液中，吸收水和养料；另一部分根在营养液外面，吸收空气，进行呼吸。实践证明，这种方法栽培植物是成功的。地上部分生长健壮，根也十分发达。但如

果将根全部浸在营养液中，缺少空气，则会出现根部腐烂的现象。

新栽植株的根系尚未大量长入营养液中之前，每天应多浇水，不使植物因水供应不足而凋萎。待根系伸长开后，则可进入正常栽培管理。约 1～2 周加 1 次水或营养液，3～4 周全部更换 1 次营养液，并清洗花盆。

• **套盆法** 通常是由两个盆组成，外面的较大，无底孔，装营养液用。盆沿口稍向内弯，以便将栽植盆的盆沿托住。里面的盆用来栽种植物，盆体高相当于外面盆的 3/4 或更短，盆体直径相当于外面的 3/4，但盆沿必须和外面的盆相同。盆底部有几个孔洞，以便栽培植物的根系从孔洞中伸长出来，吸取营养液的水和养分。用直径 6～15mm 的陶粒、碎石等将要培养的植物固定在盆中（图 5-38）营养液的添加量约为外盆深的 1/3 或稍多些，使内盆底部 1/5～1/4 的部分浸在营养液中，这样，植株底部的根系可以在营养液中生长并吸收养分，上部的根系可在较大颗粒的空间生长并可进行呼吸作用。每隔 3～5日把里面的盆提起来，观察一下营养液的深度，根据情况添水或添加营养液。

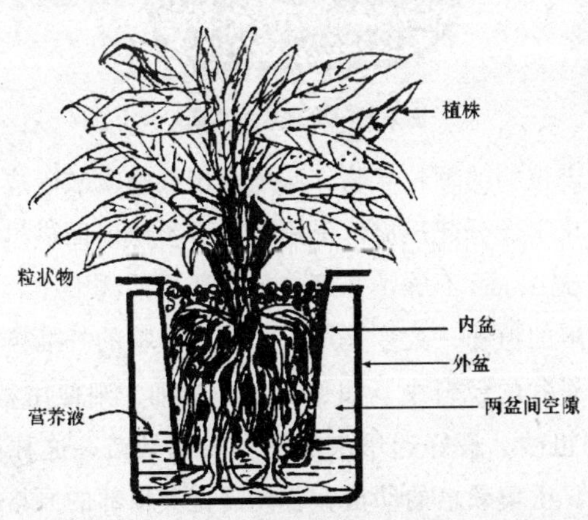

图 5-38 套盆法示意图

·单盆法　可用任何不漏水的塑料盆、瓷盆、玻璃盆或不锈钢盆作容器（不用普通金属盆，以防肥料中的化学成分与金属起反应）。先在盆中放入相当于1/4～1/3盆深的颗粒（如直径6～15mm的陶粒、石英砂或砾石），再将洗除土壤的带根苗用同样的粒料栽植在盆中（图5-39）。栽植时尽量使根系舒展开。部分较长的根可向下垂直伸展，以便使植株的根系尽快能生长至营养液中。栽好后浇灌营养液，浇灌量相当于盆深的1/4～1/3，千万不可太深，否则根系不能吸收到充足的空气，会引起大量的腐烂。

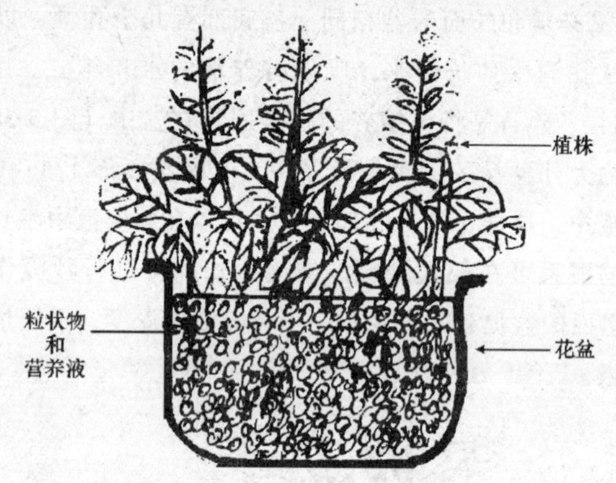

图5-39　单盆法示意图

所用的固定植物的颗粒状物，必须是惰性物质破碎成的颗粒，不会与肥料中的化学成分起反应。采用基质可参照前面讲过的。其颗粒的直径从5mm到15mm不等。并用自来水严格冲洗干净。

营养液栽培的植物，大多是用扦插繁殖生根的扦插苗，可以将其直接栽植到培养盆的粒料中。如果苗小、根细，则使用稍细的粒料，如小于5mm的粗砂。最好选用水插法生根的幼苗，这种苗适应营养液培养比较快。土壤栽培的幼苗，首先需将其根部的原培养土清洗干净，再用粒料栽植。若根系过多，可以稍剪去一些，并相应地也剪掉

部分叶片或枝条。在这一移栽的过程中，植株受到较大的影响。为减少损失，可将其搬至湿度较高的半阴环境中 3 ~ 4 周或外套一个塑料袋防止水分蒸发。家庭无土栽培的盆具可各取所需，现再介绍几种盆具供养花爱好者参考（图 5-40）。

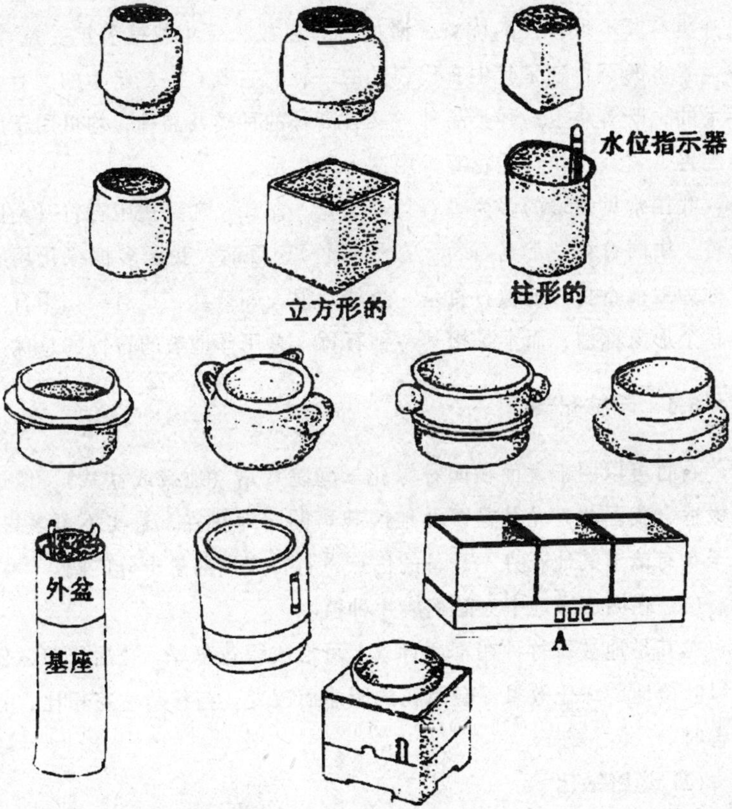

水位指示器
立方形的
柱形的
外盆
基座
A

图 5-40　无土栽培盆具

6 石竹属花卉的应用

近些年，一二年生草花在园林中极为风光。其实相比之下，宿根花卉更有其不可替代的优点，诸如管理粗放、一年栽植多年受益等。种类繁多的石竹就是其中有代表性的一种，它既有一二年生的又有多年生的，既有矮生的种类品种，又有高秆的种类及品种，均可用于园林配置、盆栽及作切插花等，用途十分广泛。

我国常见栽培的多为香石竹（切花、盆栽）和绿化用石竹（美国石竹、中国石竹、常夏石竹、杂种石竹）。目前，我国多把绿化用石竹称为地被石竹。地被石竹是一个外延很大的概念，是对绿化用石生的一个形象称谓，而不是指某一种石竹，是用作地被的石竹的总称。

6.1 园林配置

石竹可以用于大面积园林绿化、庭院栽培（地栽或盆栽），像这样极适合我国北方尤其是西北地区栽培的露地花卉，着实不可多得。由于具有诸多其他花卉不具备的优点，石竹应用前景十分广阔。

(1) 在城市绿地中大面积成片种植

尤其是地被石竹种在草坪背景上可形成缀花草坪。花后修剪，仅留绿叶覆地，绿化效果不会因花的凋谢而改变。与移栽盆花相比，省工省时。

(2) 道路绿化

用于边坡、分车带、道侧绿地的绿化美化，效果极佳。花开时节组成绚丽的色带，实是形成景观大迢的首选材料。如果大量播种石竹，除了具有周年绿化效果外，还可以有效地防除杂草。

(3) 用作城郊绿地、隔离片林树丛间的地被

这些地方在一般情况下管理比较粗放，不便经常进行修剪。有些地方，不种任何地被，任由杂草丛生，景观效果根本无从谈起。而石竹耐干旱耐瘠薄土壤，能在石砾多的土壤中生长，如果大量播种石竹，除了具有周年绿化效果，可以有效地防除杂草外，更可贵的是夏季集中成片开花，芳香四溢，是夏季集色带。

(4) 用作丘陵地带、森林公园、风景名胜区、各类农业科技示范园的绿化示范和种苗生产

丘陵地带多为石砾混土质地，砂多石多、保水性差，多不具备灌溉条件，一般花卉（尤其是草花）很难适应，但石竹能很好地适应。遍布我国各地的森林公园、风景名胜区是“五一”长假时，游人集中的地方，而石竹花期正值“五一”前后的旅游高峰期，此时成片开放的花朵定会达到锦上添花的效果。农业科技示范园往往都建有温室，温室外围基本上全都用于绿化和种植示范。石竹因其性状优良，适于在此地成畦、成片种植，既可用于绿化。又可用于生产。

(5) 节日花坛、花境中可大量应用

一直可从“五一”到“十一”。在重大节日中还可以采用大量的盆栽石竹组成花堆、花台，在广场、道路两旁大量摆放，尤其在北方春季和秋季，天气多变，摆放比较机动灵活和烘托节日气氛形成色块、色带，效果很佳。

(6) 城市广场冬季用花

“十一”过后，大量用于广场装饰的草花会相继凋谢，原来的色带也会出现裸露。若在此时（11月初）种上石竹，其整体效果就会大为改观。冬绿、夏花，四季有景。

(7) 庭院栽培

地栽、盆栽均可。用来美化家庭庭院，不大的院落会因几丛盛开的石竹而增色。花后可收种子。来年花枝开花更多更密。

(8) 促成栽培

经过一个半月的低温春化作用，石竹苗就具备开花能力了。将成品苗（5~8个分枝）栽入盆中，移入温室，在5~20℃的条件下经两个月的生长即可盛花。北方地区进行促成栽培可以赶在春节上市，价格自然不菲，是一种极受欢迎的年宵花。利用塑料大棚进行促成栽培，可以批量生产石竹切花。

(9) 苗圃空地行间种植

在木本植物，尤其是阔叶树行间种植石竹，既可以防除杂草，又可以生产种子种苗。不仅节约了除草开支，而且充分利用了冬季落叶后的土地资源，形成复合种植结构，极具生态效益和经济效益。

6.2 室内装饰

室内绿化给人的感受，不仅仅具有一般艺术品所给人的二维或三维美的感受，同时还具有一种特有的四维美感。绿色植物随着时间和季节的变化而发芽，生长，开花，结果，枯黄。这一连串的变化都日新月异地展示给我们，每天都能有新的体味和享受。

同时，绿色植物长期与人生活共处，在某种意义上也赋予了人的性格，人们通过它们寄托自己的情感、志向……使其意义更为深远。我国古代文人就常以梅隐喻其傲骨冰心，以荷花喻其出污泥而不染的凛然正气，以兰抒其君子之志……

石竹既适宜在公园、校园、风景名胜区、花坛、花境、花台、草坪边缘、路边作地被植物，可大量栽培；也适合盆栽可按需要摆放。香石竹中的散枝型多分枝小花型及中花型品种及矮性品种均可以作盆栽供居室摆设及装饰，也可以摆放于庭院及布置在园林中（见品种分类）。随着居住条件的改善，大家都想把自己的家庭装扮得漂亮一些，石竹、香石竹盆花可与其他花卉盆花搭配布置室内可产生理想效果。

6.3 切插花

香石竹（康乃馨）为世界公认的“母亲之花”“天赐之花”“五月生辰花”……从家庭的小花瓶，到厅堂装饰、冠婚葬祭，花道教学等用的插花，花束、花篮、花环、襟花等，都广泛地使用香石竹，这是因为香石竹花的品格高、绮丽、馨香，开花时间长、装饰效果好、单价比较低的缘故。被欧洲人士誉为“穷人的玫瑰”。

香石竹作插花可以单一插，也可与玫瑰、菊花、百合、非洲菊及配以满天星及配叶植物一起配合插出各种类型的插花作品。从小型到大型，装饰性很强，颇受世人喜爱。香石竹不仅可以在母亲节时送给母亲，也是送给亲朋好友及老师的适当的花。在父亲节送给父亲一束黄色的康乃馨以报答父亲的辛劳工作支撑家庭恩情。

香石竹不同花色的品种亦可代表不同的含义。赠送母亲时，可集合几种不同的色彩；若送给爱人、同事或亲友，可参考下列含义：

红色香石竹

热烈的爱，表示热心和对方合作，相互沟通。

白色香石竹

纯洁的爱，表示真挚的友谊、真心的关怀、不讲利害关系。

紫红香石竹

浪漫中带着温馨，但讨厌奢侈。

粉红香石竹

我热爱你，表示内心有热情，但不敢表露。

黄色香石竹

友谊更深，表示希望进一步发出友谊的光辉。

白心红边香石竹

表示赞赏对方节俭朴素，为人随和，平易近人。

复色（两种色以上）香石竹表示心情复杂而又富有说不出的爱意。

有蓝色、绿色或其他古怪的非纯天然色调染出来的花朵，有虚假、伪善、矫柔造作、不崇尚自然的含义。

此外，石竹中的须苞石竹及其杂一代如："灰姑娘"、各色"芭芭拉"等，大文字石竹，如：小姐系列，花仙子系列等都是杂交石竹的高性切花专用种，插花效果很佳。

6.4 保护城市生态环境

石竹属花卉能抵抗和吸收城市中排放的有害气体，可净化空气。尤其在工矿区，大量二氧化硫、氧化物、氟化物等有毒气体，在园林绿化中选用石竹及其他抵抗和吸收有害气体能力强的园林花卉植物构成群落，如：香樟——紫薇——蚊母——石竹（组合）已应用于城市园林布置中，作为保护城市生态环境的先锋植物，同时石竹属植物还可用作对乙烯及光化学雾的监测植物，可减轻空气污染，有城市的"肺"的功能。

石竹属花卉的盆花搬进居室、阳台及庭院，更直接地起到改善居室环境的作用，对身体健康有益无害。

6.5 药用

石竹全草可入数，瞿麦应用较多，有清热利尿等功效，可治疗尿路感染等病症。

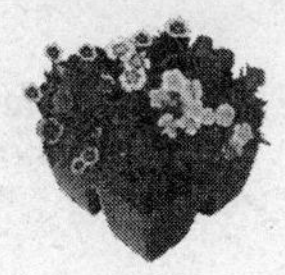

参考文献

1. 北京林业大学园艺系花卉教研组．花卉学．北京：中国林业出版社，1995

2. 陈俊愉，程绪珂主编．中国花卉．上海：上海出版社，1990

3. 费砚良，张金枝主编．宿根花卉．北京：中国林业出版社，1999

4. 吴少华，李彦英．鲜切花栽培和保鲜技术．北京：科学技术文献出版社，1999

5. 龙雅宜．切花生产技术．北京：金盾出版社，1997

6. 孙可群，董保华，龙雅宜，徐民生．家庭养花．北京：水利电力出版社

7. 夏春森，刘忠阳等．细说名新盆花 194 种．北京：中国农业出版社，2001

8. 秦魁杰．温室花卉．北京：中国林业出版社，2000 年

9. 吕佩珂，段封锁，苏慧兰，吕迈，赵志远，何凤英．中国花卉病虫害原色图鉴下册．北京：蓝天出版社，2001

10. 邱强，赵世伟，郝璟，赵第轩，郭翎。花卉与花卉病虫害原色图谱（1）草本花卉·球根花卉·兰花．北京：中国建材工业出版社，2002

11. 北京市园林局，北京花卉编委会．北京花卉．北京：北京出版社，1985

12. 中花园艺．中国花卉报社，2002（8）

13. 泛美种子 .PanAmericanSeed2002－2003 品种目录。

14. 薛守纪，刘金编著，赏花与养花 . 北京：科学出版社，1993

15. 陈琰芳，贾文薇，刘春 . 香石竹无土栽培研究 . 园艺学报，1990，17（4）